DIANQI
高职高专电气系列教材

高电压技术实训指导书

（第2版）

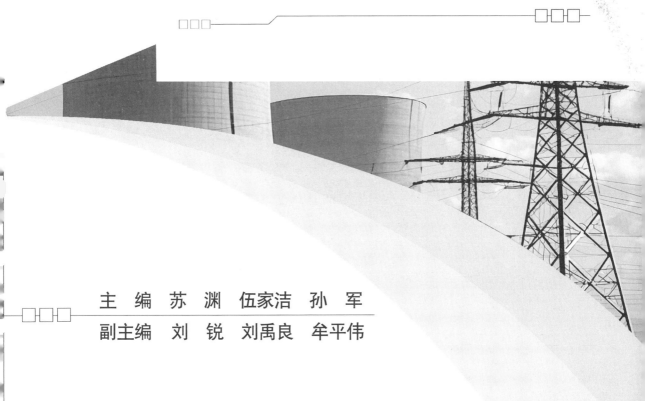

主　编　苏　渊　伍家洁　孙　军
副主编　刘　锐　刘禹良　牟平伟

重庆大学出版社

内容简介

本书从众多高电压现场试验项目中提炼出一些典型试验,详细叙述了这些典型试验的目的和基本测试原理,提供了试验接线和操作步骤,并对新型试验仪器的使用方法进行了重点介绍。

本书具有较强的实用性和先进性,内容编排难易适度,适合高职高专院校电力专业的学生使用。

图书在版编目(CIP)数据

高电压技术实训指导书 / 苏渊,伍家洁,孙军主编. 2 版. -- 重庆 : 重庆大学出版社, 2024. 12. -- (高职高专电气系列教材). -- ISBN 978-7-5689-5055-8

Ⅰ. TM8

中国国家版本馆 CIP 数据核字第 2024W8H077 号

高电压技术实训指导书(第2版)

主 编 苏 渊 伍家洁 孙 军
副主编 刘 锐 刘禹良 牟平伟
责任编辑:秦旖旎 版式设计:秦旖旎
责任校对:刘志刚 责任印制:张 策

*

重庆大学出版社出版发行
出版人:陈晓阳
社址:重庆市沙坪坝区大学城西路 21 号
邮编:401331
电话:(023) 88617190 88617185(中小学)
传真:(023) 88617186 88617166
网址:http://www.cqup.com.cn
邮箱:fxk@ cqup.com.cn(营销中心)
全国新华书店经销
重庆新荟雅科技有限公司印刷

*

开本:787mm×1092mm 1/16 印张:11 字数:275 千
2015 年 8 月第 1 版 2024 年 12 月第 2 版 2024 年 12 月第 4 次印刷
ISBN 978-7-5689-5055-8 定价:36.00 元

第2版前言

高电压技术是一门与工程实际联系非常紧密的课程,其中涉及绝缘试验的部分,必须通过动手实作,才能让学生真正掌握试验方法,学会使用试验设备。本书的编写目的,是细化实训项目、加强实训教学。

近年来,我国职业教育蓬勃发展,以工作过程为导向的教学模式遍地开花,结出了累累硕果。为了让高电压技术课程也走上理实一体化的道路,我们进行了一些教学模式的改革与探索。将绝缘试验作为一个学习情境,以电气试验工岗位职责为导向,现场做什么,怎样做,完全按照现场的要求来。在整个教学过程中,都以试验项目为载体,培养和训练学生的职业素养,使学生在学中做,做中学,从而大大激发了学生的学习兴趣。考虑到现场试验项目众多,而学校硬件条件有限,因此,又从现场试验项目中提炼出了一些典型试验。尽管所选项目不多,但它们都是生产现场经常要做的试验。让学生掌握这些试验,对于学习其他试验起到触类旁通、举一反三的作用。

本书紧密联系电力生产实际,详细介绍了典型试验项目的试验原理、试验设备、试验接线、试验步骤和结果分析,一些试验项目还提供了现场使用的作业指导书,为读者营造了一种现场作业的真实感,使读者能快速掌握试验方法,开展实训教学。

本书共设计8个试验项目,34个试验任务,项目1和项目2由苏渊编写,项目3由苏渊和刘锐共同编写,项目4由苏渊和孙军共同编写,项目5由伍家洁编写,项目6由刘锐、刘禹良和重庆电力公司电力科学研究院牟平伟合作编写,项目7和项目8由孙军编写。本书在编写过程中,得到武汉特试特科技股份有限公司的大力支持和配合,在此深表感谢。

由于编者水平有限,书中疏漏之处在所难免,敬请读者批评指正。

编　者

2024 年 6 月

目 录

高电压实训基地试验要求

高电压试验具有较大的危险性,为保障人身及设备的安全,凡进入高电压实训基地进行试验或工作的人员应严格遵守高电压实训基地的各项基本要求,以确保人身及设备安全。

(1)试验前准备工作

①认真预习实训指导书中的相关内容,了解各项试验的目的、内容、方法和步骤。

②熟悉高电压实训基地常用设备和仪器的原理及使用方法。

③高电压试验工作不得少于两人,每次试验分小组进行,每组推选一名组长作为监督人,负责本组试验分工,组织、协调本组试验安全、有序地进行。

④试验场所应加遮(围)栏,并向外悬挂"止步,高压危险!"标识牌。

(2)进行试验

①根据不同被试品和试验项目,选择所需的试验设备和仪表,检查设备及仪表有无损坏,如发现损坏,应立即报告指导教师。试验开始前记录有关设备和仪表的技术参数。

②未经同意不得私自拆卸、移动与本次试验无关的仪器设备。

③检查所有电源是否处于断开状态,进入试验间隔,检查接地棒与接地线以及接地线与接地母线之间是否接触良好,由多股裸导线组成的接地线是否有断股,连接接地棒的地线是否足够长等。

④试验人员根据试验分工,按照试验接线图进行设备和仪表的正确连接,接线应规整,连接应可靠,并检查带电部分与周围物体的安全距离是否满足表 0.1 的规定。

表 0.1　各种试验电压下安全距离的规定值

电压值/kV	<100	100~200	200~300	300~400
安全距离/cm	30	60	90	120

⑤接线完毕、自行检查无误后报请指导教师检查,经指导教师检查接线正确后,所有人员须退出试验间隔,方可开始试验。

⑥试验开始前组长应重申本组各成员的职责。试验过程中试验人员各司其职、密切配合,听从组长指挥。

⑦试验时必须精力集中、严肃认真,不得谈笑、打闹。擅离职守或做与本试验无关工作者,精神不振或精神失常者不得参加试验。

⑧试验过程中所有试验人员必须站在围栏外,不得向围栏内探头、伸手。在试验过程中,每次接通或断开电源,操作者均应高呼"注意!合闸""开始升压""跳闸"等,以提醒本组成员注意。

⑨升压前检查调压器应在零位置,防止在未退至零位时就投入高压电源而产生冲击,损伤试验设备的绝缘和得到不正确的试验结果。合闸后必须从零开始均匀缓慢升压。每次切除高压时,必须将调压器退至零位,避免产生冲击损坏设备和防止下次通电时突然加上高压。

⑩试验过程中要密切监视仪表和试品情况,若有异常情况(如电压表或电流表指示异常、设备冒烟、打火、异味、异响、触电等),应立即按下跳闸按钮,并将调压器退至零位,切断电源,报告指导教师并查明原因,处理后方可继续试验。如遇人身事故,应立即组织抢救。

⑪试验必须有专人记录,要求记录数据清楚整齐,试验数据不符合要求时应重做。

⑫试验结束后进入试验间隔内拆线或试验过程中需改动接线前,均应将调压器退至零位并切断电源,同时用接地棒对设备高压部分充分放电,并加以接地。在未亲眼见到接地前,不得接近或触及高压设备。

⑬拆除接线后,应把试验场所清扫干净,整理好仪器、仪表及连接导线后,经指导教师检查同意后方可离开。

(3)试验报告

试验结束后每个学生需向指导教师提交试验报告。试验报告采用统一格式的报告纸,报告力求简明扼要、字迹清楚、图表整洁、结论明确。除特殊需要外,试验报告一般应包括以下内容:

①试验项目及内容、专业班级、组别、姓名、同组人姓名、日期、室温、气压、相对湿度。

②试验目的。

③试验接线图,并注明所选用设备、仪器等的技术参数。

④试验数据及处理,应列出计算公式。需要时应画出数据表格或绘制曲线。

⑤试验结论及分析。试验结论是根据试验结果及在试验中观察和发现的现象,经过分析得出的,它是由实践上升到理论的提高过程,是报告中相当重要的一部分。结论部分还可对所采用的试验方法或接线的优缺点等进行讨论。

项目 **1**
绝缘电阻和吸收比测量

任务 1.1　绝缘电阻和吸收比测量原理学习

1.1.1　测量原理

绝缘电阻和吸收比测量试验是高电压试验中最基本、最简单、用得最多的试验项目。通过绝缘电阻和吸收比试验可以初步了解电气设备的绝缘状况。

绝缘电阻是指在绝缘体的临界击穿电压以下,施加直流电压 U 时,测量其所含的离子沿电场方向移动形成的电导电流 I_∞,应用欧姆定律所确定的比值,即

$$R_i = \frac{U}{I_\infty} \tag{1.1}$$

式中　R_i——绝缘电阻,Ω;

　　　U——直流电压,V;

　　　I_∞——电导电流,A。

工程现场的电气设备内绝缘,大部分是夹层绝缘(即由多种绝缘材料组成)。夹层绝缘的等值电路如图 1.1 所示。

图中 C_0 为反映真空和无损极化所形成的电容,流过的电流为 i_c,i_c 称为电容电流,该支路电流存在的时间很短,很快衰减到零;C_a 为反映有损极化形成的电容,R_a 为反映有损极化的

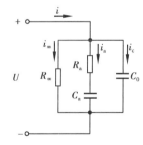

图 1.1　夹层绝缘的等值电路

等效电阻,流过的电流为 i_a,i_a 称为吸收电流,该支路电流存在的时间较长;R_∞ 为介质的绝缘电阻,流过的电流为 i_∞,i_∞ 称为电导电流(也称为泄漏电流),是不随时间变化的恒定电流,电介质绝缘良好时,其数值非常小,为微安级。这 3 种电流的变化规律如图 1.2 所示。

由图 1.2 可知,电容电流和吸收电流随着时间推移,其数值都衰减为零,最后只剩下电导电流,由式(1.1)的定义可知,此时由欧姆定律确定的电阻才是绝缘电阻。因此,通常要求在

加压 1 min(或 10 min)后,读取兆欧表的读数,才能代表比较真实的绝缘电阻值。

由于绝缘的吸收现象(电流 i 随时间逐渐衰减,最后达到某个稳定值的现象),试验中,实际所测的绝缘电阻随时间变化的曲线,如图 1.3 所示。

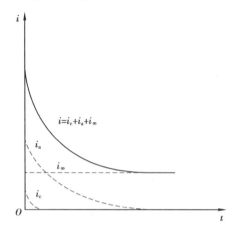

图 1.2　直流电压下夹层绝缘中电流的变化规律　　图 1.3　绝缘电阻随时间变化的曲线

若绝缘干燥,则绝缘电阻到达稳态值的时间长且稳态值高。如若绝缘受潮或存在某些缺陷,则绝缘电阻到达稳态值的时间很短且稳态值低,如图 1.4 所示。

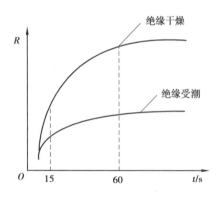

图 1.4　绝缘干燥和受潮时绝缘电阻随
时间变化的规律

为了反映不同状态下绝缘电阻的变化规律,一般将 60 s 和 15 s 时的绝缘电阻的比值称为吸收比,用 K_1 表示,即

$$K_1 = \frac{R_{60\,s}}{R_{15\,s}} \qquad (1.2)$$

绝缘受潮时 K_1 下降,K_1 的最小值为 1。变压器绝缘要求 K_1 大于 1.3。吸收比试验与温度和湿度有关,必要时需进行修正。

对于吸收过程较长的大容量设备,如大型变压器、发电机、电缆等,有时用吸收比尚不足以反映绝缘介质的电流吸收过程。为了更好地判断绝缘是否受潮,可采用较长时间的绝缘电阻比值进行衡量,称为绝缘的极化指数,用 K_2 表示,即

$$K_2 = \frac{R_{10\,min}}{R_{1\,min}} \qquad (1.3)$$

极化指数测量加压时间较长,测定的电介质吸收比与温度无关,变压器极化指数 K_2 一般应大于 1.5,绝缘较好时其值可达 3~4。

1.1.2　影响因素

(1)电压的影响

因为绝缘电阻测试仪的电压不同,测得的绝缘电阻有差异,所以每次试验要用同一电压的测试仪。

(2)温度的影响

绝缘电阻随温度的变化而变化,对于一般绝缘材料,温度升高,绝缘电阻减小。这是由于温度增高后,加速了绝缘体内分子的流动能力,水分即向电场两极延伸,增加了导电性。此外,水分中含有溶解的杂质或绝缘体内含有盐类,酸性物质被水解,也将增加导电率而降低绝缘电阻值。由于一年四季环境温度不同,某些试品的温度与环境温度也不同,为了比较测量结果,需进行温度换算。

(3)湿度的影响

湿度对表面泄漏电流的影响较大。绝缘表面吸附潮气,瓷套表面形成水膜,特别是表面有污垢时,绝缘电阻显著降低。此外,由于某些绝缘材料有毛细现象,当空气的相对湿度较大时,吸收少量水分,电导增加,绝缘电阻降低。

(4)剩余电荷的影响

对同一设备在同一温度下,用兆欧表进行重复测量时,每测完一次绝缘电阻,一定要将被试品充分放电,否则剩余电荷未放尽,将影响第二次测量结果,造成绝缘电阻增大,吸收比减小的假象。

1.1.3　结果判断

绝缘电阻值和吸收比的测量是常规试验项目中最基本的项目。根据测得的绝缘电阻值和吸收比,可以判断被试品绝缘是否整体受潮、脏污或是否存在贯通的集中性缺陷等,尤其是吸收比的值对反映绝缘受潮非常灵敏。现场测量时也可根据绝缘电阻和吸收比的具体情况,决定是否能继续进行其他施加电压的绝缘试验项目。

在试验规程中,有关绝缘电阻标准,除少数结构比较简单和部分低电压设备规定有最低值外,大多数高压电气设备未明确规定最低值。一般可将测量结果与同样条件下不同相绝缘电阻值或与历次试验结果(在可能的条件下换算至同一温度)进行比较,结合其他试验结果进行综合分析判断设备的绝缘状况。

一般情况下,35 kV 及以上且容量在 4 000 kV·A 及以上的电力变压器,在常温下吸收比应不小于1.3;1 000 V 及以上交流电动机吸收比不应低于1.2。对于同步发电机,其吸收比与所用绝缘材料有关:采用环氧粉云母绝缘的大型发电机吸收比不应小于1.6,而采用沥青浸胶及烘卷云母绝缘的发电机吸收比不应小于1.3。如果吸收比低于上述要求,则被试品可能存在绝缘受潮等缺陷。

对于 220 kV 及以上且容量为 120 MV·A 及以上的电力变压器或功率在 200 MW 及以上的同步发电机,均应测量极化指数。对于电力变压器、沥青浸胶及烘卷云母绝缘的发电机等,极化指数不应小于1.5;对于环氧粉云母绝缘的大型发电机,极化指数不应低于2.0。

任务 1.2　绝缘电阻和吸收比测试设备知识学习

1.2.1　测试设备选择

测量绝缘电阻一般使用绝缘电阻表。绝缘电阻表按电源形式可分为发电机型和整流电源型两大类。发电机型一般以手摇(或电动)直流发电机或交流发电机经倍压整流后输出直流电压作为电源;整流电源型由低压 50 Hz 交流电经整流稳压(或直接采用电池电源)经晶体管振荡器升压和倍压整流后输出直流电压作为电源。

绝缘电阻表的输出电压通常有 250,500,1 000,2 500 和 5 000 V 等多种。如果没有特殊规定,测试各种电压等级电气设备的绝缘电阻时,应按下列规定选用绝缘电阻表的电压等级和电阻量程:

①100 V 以下电气设备选用 250 V、量程 50 MΩ 及以上的绝缘电阻表;

②500 V 以下至 100 V 电气设备选用 500 V、量程 100 MΩ 及以上的绝缘电阻表;

③3 kV 以下至 500 V 电气设备选用 1 000 V、量程 2 000 MΩ 及以上的绝缘电阻表;

④10 kV 以下至 3 kV 电气设备选用 2 500 V、量程 10 000 MΩ 及以上的绝缘电阻表;

⑤10 kV 及以上电气设备选用 2 500 V(或 5 000 V)、量程 10 000 MΩ 及以上的绝缘电阻表。

1.2.2　ZC-7 型绝缘电阻表

(1)适用范围

ZC-7 型绝缘电阻表适用于测量各种变压器、电机、电缆、电气设备及绝缘材料的绝缘电阻,其外形如图 1.5 所示。

图 1.5　ZC-7 型绝缘电阻表

(2)主要规格

ZC-7 型绝缘电阻表的主要规格见表 1.1。

表 1.1   ZC-7 型绝缘电阻表规格

规　格		有效测量范围/MΩ	准确度等级
额定电压/V	测量上限/MΩ		
100	500	0.5~20	10
	200	0.5~20	
	100	0.5~20	
250	1 000	1~50	10
	500	1~50	
	250	0.5~20	
500	2 000	2~100	10
	1 000	2~100	
	500	1~50	
1 000	5 000	5~200	10
	2 000	5~200	
	1 000	2~100	
2 500	10 000	10~500	20
	5 000	10~500	
	2 500	5~200	
5 000	10 000	50~2 000	20
	5 000	50~2 000	
10 000	20 000	50~2 000	20

（3）技术参数

仪表的基准值为指示值。

仪表的基本误差以基准值的百分数表示,基本误差的极限值不大于相应准确度的等级值。0 及 ∞ 刻度以标尺长度的百分数表示,其极限值不大于标尺全长的 1%。

仪表端钮开路电压与额定电压之差不大于额定电压的 10%。

仪表端钮开路电压的峰值与有效值之比不大于 1.5。

仪表测量端钮接入中值电阻时其中值电压与额定电压之差不大于额定值的 10%。

仪表线路与外壳间的绝缘电阻不低于 30 MΩ。

仪表线路与外壳间的绝缘电压试验应能耐受 50 Hz 交流电压,历时 1 min 的试验,其试验电压见表 1.2。

表 1.2　ZC-7 型绝缘电阻表耐压参数

额定电压/V	试验电压(有效值)/kV
≤500	1
1 000	1.5
2 500	3.5
5 000	5.4
10 000	11

仪表发电机摇把额定转速为 120 r/min。

仪表自工作位置向任一方向倾斜 5°时,其指示值变化不大于基本误差的 1/2。

仪表工作环境温度为-20~50 ℃,环境相对湿度为 25%~80%。

仪表周围环境温度对标准温度(23 ℃)每变化 10 ℃,由此引起指示值改变不大于基本误差。

当标准环境相对湿度自 40%~60%变化,由此引起指示值的改变不大于基本误差。

仪表受强度为 0.4 kA/m 外磁场影响,由此引起指示值的改变不大于基准值的 1.5%。

(4)主要结构

仪表由手摇交流发电机、整流系统及磁电式流比计组成,全部机件装于密封的外壳内。

(5)使用方法

①使用时将仪表置于水平位置,将被测物接于 E 及 L 二端钮间,以大于 120 r/min 的速度摇转发电机摇把,此时仪表指针指示值即为被测物的绝缘电阻值。

②测量被测物对地的绝缘电阻时。将 E 端钮接于良好的地线,L 端钮接被测物;测量两线间绝缘时,将 L 端钮与 E 端钮各接一线。

③为了防止被测物表面泄漏电流的影响,仪表设有保护环端钮 G,使用时被测物的中间层接于 G 端。

④使用本仪表测量绝缘时,被测物必须与其他电源断开,测量完毕应将被测物充分放电。

⑤仪表发电机摇把为额定转速时,其端钮间不允许突然短路,以免损坏仪表。

⑥在测量一般负载时,测量完须在 10 s 后方可触摸 E,G,L 三端,以免发生危险。在测量容性负载时,测量前后一定要对其充分放电,以免损坏仪表和发生危险。

⑦在使用十进位高阻箱对仪表进行检定时,仪表发电机为额定转速时,其端钮间避免突然短路,以免损坏仪表。正确的回零方法为:

顺序接入电阻:200 MΩ→100 MΩ→10 MΩ→5 MΩ→4 MΩ→3 MΩ→2 MΩ→1 MΩ→0。

⑧仪表使用时须小心轻放,避免剧烈振动,以防轴尖宝石轴承受损而影响指示。

⑨仪表保存于周围空气温度为 0~40 ℃,相对湿度不超过 85%的场所,且空气中不含腐蚀性气体。

1.2.3　TE3674 绝缘电阻测试仪

TE3674 绝缘电阻测试仪外形如图 1.6 所示。

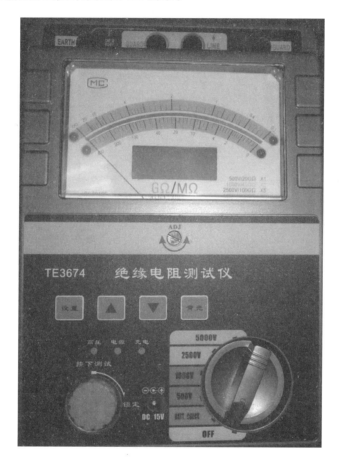

图 1.6　TE3674 绝缘电阻测试仪

（1）设备特性

①有 500,1 000,2 500,5 000 V 多种电压输出选择,测量电阻量程范围可达 0 MΩ~400 GΩ,电阻量程范围可自动转换,并有相应的指示。

②两种方式同步显示绝缘阻值。机械指针采用超薄型张丝结构抗震能力强。机械指针的采用可易于观察绝缘电阻的变化范围,点阵液晶屏的采用可指导用户操作仪表并可精确得出测量结果。

③机械表头与液晶屏合二为一。双刻度显示,量程自动转换。彩色刻度易于读识,并有LED 显示相应色彩。

④采用嵌入式工业单片机和实时操作软件系统。自动化程度高、抗干扰能力强,仪器可自动计算吸收比和极化指数,无须人工干预。

⑤操作界面友好,各种测量结果具有防掉电功能,可连续存储 20 次测量结果。

⑥仪表产生高压时,有提示音输出。

⑦内置残留高压放电电路,测试完毕可自动放掉被测设备上的残留高压。

⑧交直流两用,配置可充电电池和充电适配器。

⑨仪表采用便携式设计,便于野外操作。

⑩高压短路电流≥3 mA,是测量大型变压器、互感器、发电机、高压电动机、电力电容、电力电缆、避雷器等绝缘电阻的理想测试仪器。

（2）技术指标

TE3674绝缘电阻测试仪的技术指标见表1.3。

表1.3　TE3674绝缘电阻测试仪技术指标

型　号	TE3674			
输出电压	500 VDC	1 000 VDC	2 500 VDC	5 000 VDC
精度	温　度	(23±5) ℃		
	绝缘电阻	1 MΩ~40 GΩ ±5%	2 MΩ~80 GΩ ±5%	5 MΩ~200 GΩ ±5%	10 MΩ~400 GΩ ±5%
	输出电压	4 MΩ~40 GΩ 0~+10%	8 MΩ~80 GΩ 0~+10%	20 MΩ~300 GΩ 0~+10%	40 MΩ~400 GΩ 0~+10%
高压短路电流	≥3 mA			
工作电源	8节AA型充电电池,配置充电适配器			
工作温度及湿度	−10~40 ℃,最大相对湿度85%			
保存温度及湿度	−20~80 ℃,最大相对湿度90%			
绝缘性能	电路与外壳间电压为1 000 VDC时,最大2 000 MΩ			
耐压性能	电路与外壳间电压为2 500 VDC时,承受1 min			
尺　寸	230 mm×190 mm×90 mm,(L×W×H)			
质　量	2 kg			
附　件	测试线一套,说明书,合格证,充电适配器,电源线			

（3）仪表结构

1）仪表结构图

TE3674绝缘电阻测试仪外观如图1.7所示。

2）仪表结构说明

TE3674绝缘电阻测试仪结构名称及功能见表1.4。

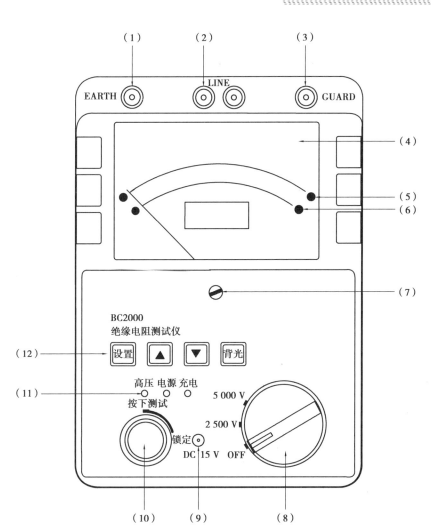

图 1.7　TE3674 绝缘电阻测试仪外观

表 1.4　TE3674 绝缘电阻测试仪结构名称及功能

序号	名　称	功　能
（1）	地端	接于被试设备的外壳或地上
（2）	线路端	高压输出端口,接于被试设备的高压导体上
（3）	屏蔽端	接于被试设备的高压护环,以消除表面泄漏电流的影响
（4）	双排刻度线	上挡为绿色（GΩ） 500 V/0.2 GΩ~40 GΩ（刻度读数×1） 1 000 V/0.4 GΩ~80 GΩ（刻度读数×2） 2 500 V/1 GΩ~200 GΩ（刻度读数×5） 5 000 V/2 GΩ~400 GΩ（刻度读数×10） 下挡为红色（MΩ） 500 V/0~400 MΩ（刻度读数×1） 1 000 V/0~800 MΩ（刻度读数×2） 2 500 V/0~2 000 MΩ（刻度读数×5） 5 000 V/0~4 000 MΩ（刻度读数×10）

续表

序号	名　称	功　能
(5)	绿色发光二极管	发光时读绿挡(GΩ)刻度
(6)	红色发光二极管	发光时读红挡(MΩ)刻度
(7)	机械调零	调整机械指针位置,使其对准∞刻度线
(8)	波段开关	可实现输出电压选择,电源开关功能
(9)	充电插孔	输入为直流15 V,供应充电及仪表工作电源
(10)	测试键	按下开始测试,按下后如顺时针旋转可锁定此键,在数据查询状态此键作为确认键使用
(11)	状态显示灯	可显示高压输出,电源工作状态,充电状态等信息
(12)	按键	设置键:在未按测试键之前按下此键可调阅历史测试数据 上键:按下此键可向前翻阅数据或修改数据 下键:按下此键可向后翻阅数据或修改数据 背光键:按下此键可点亮液晶显示屏背光,并在1 min之内自动熄灭

(4)使用方法

1)准备工作

注意:当第一次使用仪表时,需充电6 h,否则仪表不能正常工作。充电方法详见"电池充电"的相关内容。

①试验前应拆除被试设备电源及一切对外连线,并将被试物短接后接地放电1 min,电容量较大的应至少放电2 min,以免触电和影响测量结果。

②校验仪表指针是否在无穷大上,否则需调整机械调零螺丝(7)。

注意:在调整机械调零螺丝时,左右调整量为半圈。

③用干燥清洁的柔软布擦去被试物表面的污垢,必要时先用汽油洗净套管表面的积垢,以消除表面漏电电流,以防影响测试结果。

④将带高压测试线(红色)插入(2)LINE端,另一端探针或探钩接于被试设备的高压导体上,将测试线(绿色)插入(3)GUARD端,另一端接于被试设备的高压护环上,以消除表面泄漏电流的影响(详见"屏蔽端的使用方法"相关内容)。将另外一根黑色测试线插入地端(EARTH)(1)端,另一头接于被试设备的外壳或地上。

注意:在接线时严禁将LINE与GUARD短路,以免发生过载现象!

2)开始测试

①转动波段开关(8)选择需要的测试电压,这时如果电源正常则电源指示灯(11)应发绿光,如欠压则发红光。

②仪器开始自检,液晶屏幕上出现操作提示。

③按动上键或下键(12)可选择测试编号(编号反黑)。如不选择编号可进入下一步操作,编号在该次测试完成后自动累加。

④按下或锁定测试键(10),开始测试。这时高压状态指示灯(11)发亮并且仪表内置蜂鸣器每隔1 s响一声,代表LINE端有高压输出。

警告:测试过程中,严禁触摸探棒前端裸露部分以免发生触电危险!

⑤这时液晶屏进入测试状态显示模式,如图1.8所示。

⑥仪表每隔一定时间发出提示音(15 s、1 min、10 min)。

⑦根据所需要的测试结果(普通测试、吸收比测试、极化指数测试),松开测试键(10)。这时仪表停止高压输出,并自动计算、显示测试结果(各个时间状态的电阻值、吸收比、极化指数)。按动上键或下键(12)可循环显示本次测试结果(当前阻值、15 s 阻值、60 s 阻值、10 min 阻值、吸收比、极化指数)。

图1.8　TE3674 绝缘电阻测试
仪液晶显示

注意:吸收比测试时间应大于 1 min,极化指数的测试时间应为 10 min。每次测量的时间最长为 10 min,10 min 以后仪表会自动关闭高压开关,并自动计算、显示测试结果。

警告:试验完毕或重复进行试验时,必须将被试物短接后对地充分放电(仪表也有内置自动放电功能,不过时间较长)才能保证人身安全和下次测量的准确性!

⑧需连续进行第 2 次测量时,再次按下或锁定测试键(10),按④—⑥步骤执行(仪表可连续进行 20 次测量,超过 20 次从第 1 次开始并覆盖第 1 次的结果。每次测量结果都自动保存,以便日后调阅)。

3)调阅测试结果

①转动波段开关在任意一电压挡,此时电源接通。

②在选择测试编号状态下,可按动设置键(12)进入查询测试结果状态。

③按动上下键(12)来增加和减少测试结果的编号(相应的编号反黑)。

④选择好编号后,按动测试键(10)可进入该编号的测试结果,按动上下键(12)可查询该编号测试结果(当前阻值、15 s 阻值、60 s 阻值、10 min 阻值、吸收比、极化指数)。

⑤查询完毕,按动设置键(12)返回准备测试状态。

⑥如需再次查询可再次按动设置键(12)。

(5)电池充电

注意:当开机时,仪表电源状态灯红灯闪亮,表示电池电量快要耗尽,应立即充电。

①仪表可采用交直流两种方式供电,但在现场电源干扰较大或不稳定时,推荐使用仪表的内部电源供电。

②首次使用仪表时,需充电 6 h。否则仪表不能正常工作。

③充电电路采用专用智能充电管理模块,可自动停止充电并监视电池电量,在测试过程中如发现电源状态指示灯红灯闪亮,表示电池电量快要用尽,需充电,但这时不影响仪表的正常使用。

注意:在充电之前,请确认交流输入电压范围应为 220 VAC±15%,以免接错电源造成不必要的损失。

④将电源适配器的一端插入仪表电源插孔中(9),另一端接交流电源,充电指示灯红灯亮,充电开始。

⑤电池充满后,充电指示灯绿灯亮,快速充电完成,这时可适当延长充电时间。

注意:仪表不使用时,应确保波段开关(8)处于关闭状态(OFF),长期不使用时需将电池充满并从电池仓中拿出,以延长电池使用寿命。当仪表无法开启电源时,需充电或更换电池或使用交流电源。

任务 1.3　配电变压器绕组连同套管的绝缘电阻和吸收比测量

1.3.1　试验目的

通过绝缘电阻和吸收比测量,能有效检查出变压器整体受潮、表面受潮或脏污以及贯穿性的集中性缺陷,如绝缘油受潮、绕组对地短路、瓷件破裂接地、器身内有铜线搭桥等现象引起的半贯通性或金属性短路缺陷。

1.3.2　试验接线

测量配电变压器绕组连同套管的绝缘电阻应分次、分部位进行,见表 1.5。其等值电路如图 1.9 所示。

表 1.5　测量顺序和部位

序号	双绕组变压器			三绕组变压器		
	被测绕组	接地部位	等效绝缘电阻	被测绕组	接地部位	等效绝缘电阻
1	低压	高压和外壳	$R_2//R_{12}$	低压	高、中压和外壳	$R_3//R_{13}//R_{23}$
2	高压	低压和外壳	$R_1//R_{12}$	中压	高、低压和外壳	$R_2//R_{12}//R_{23}$
3	(高、低压)	(外壳)	$(R_1//R_2)$	高压	中、低压和外壳	$R_1//R_{12}//R_{13}$

注:括号内项目可以不做。

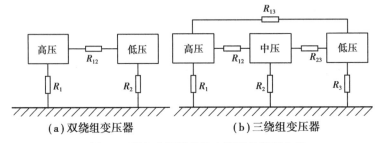

图 1.9　配电变压器绝缘电阻测量等值电路

测量低压侧绕组对高压侧绕组及地的绝缘电阻,如图 1.10 所示。

测量高压侧绕组对低压侧绕组及地的绝缘电阻,如图 1.11 所示。

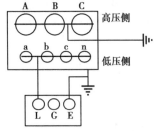

图 1.10　低压侧绕组对高压侧绕组及
地绝缘电阻测试接线图

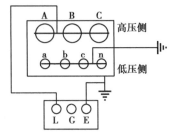

图 1.11　高压侧绕组对低压侧绕组及
地绝缘电阻测试接线图

1.3.3 配电变压器绝缘电阻及吸收比测量作业指导书

(1)基本条件

工作任务	配电变压器绝缘电阻及吸收比的测量
工作条件	本作业项目应在变压器停电情况下及良好天气下进行,如遇雷电、雨雪、大风等天气不得进行作业
设备类型	10 kV 配电变压器
工作组成人员及分工	工作负责人一名,操作测量人一名
作业人员职责	1.工作负责人(辅助人员):工作前对操作人员进行安全教育、交代安全注意事项,对整个测量过程中的安全、技术负责,工作结束后总结经验与不足之处 2.操作测量人:认真学习操作指导书,严格遵守、执行安全规程
标准作业时间	20 min

(2)编写依据

序号	标准及规范名称	颁发机构
1	GB 50150—2016 电气装置安装工程 电气设备交接试验标准	中华人民共和国住房和城乡建设部 中华人民共和国国家质量监督检验检疫总局
2	GB 26860—2011 电力安全工作规程 发电厂和变电站电气部分	中华人民共和国国家质量监督检验检疫总局 中国国家标准化管理委员会

(3)测量前准备

1)准备工作安排

√	序号	内　容	标　准	责任人
	1	工器具、仪表及材料准备	工器具的电气强度和机械强度必须符合有关规程规定,仪表、材料准备	
	2	标准化操作指导书学习	明确危险点及预控措施、安全注意事项、作业步骤、人员及作业任务分工	
	3	履行工作票手续,口头或电话命令执行	国家电网有限公司电业安全工作规程中相关规定及各单位自行制订的工作许可和工作票管理规定	

2）工器具及仪表、材料

√	序号	名　称	型号/规格	单位	数量
	1	温湿度计		支	1
	2	兆欧表 500 V		台	1
	3	兆欧表 2 500 V		台	1
	4	数字式绝缘电阻测试仪		台	1
	5	放电棒		支	1
	6	导线、地线		米	若干
	7	绝缘手套		双	1

3）危险点分析及预控

序号	安全风险	预控措施	检查结果
1	把有故障的试验设备带到现场	出工前检查试验设备是否完好，是否在有效期内	
2	现场安全措施不满足安全要求	工作负责人应核实工作地点及任务	
3	工作任务和安全措施交代不详、不清晰	工作负责人应在开工前向全体工作人员交代清楚工作地点、工作任务，检查安全围栏和标示牌等安全措施	
4	误接非独立电源	检查电源是否为独立电源，防止误跳运行设备	
5	电源线蹦跳触及带电设备	严禁蹦跳电源线，电源线必须固定，防止甩动或突然断开试验电源	
6	无关人员可能误入试验场地	设置安全围栏，不要有缺口，安全围栏周围要派人监护，防止无关人员进入	
7	人员误触碰带电的高压试验引线	在加压之前清理无关人员，同时对工作组成员交代好安全事项，加压过程中设专人监护，并呼唱	
8	感应电伤人、高压触电	试验中断、更改接线或结束后，必须切断主回路的电源挂上接地线后才可更换试验接线	
9	拆接引线未恢复，或者遗留工具	工作负责人在试验工作结束后认真检查，确认拆接引线已恢复，无遗留工具和杂物	

（4）操作步骤

√	序号	操作内容	操作步骤及标准	安全措施和注意事项
	1	设置遮（围）栏	工作地点范围设置遮（围）栏、四周悬挂警示牌	防止非工作人员、车辆进入
	2	变压器的检查	1.测试前将变压器与其他电源可靠断开 2.将变压器外壳可靠接地 3.对变压器高、低压绕组逐相进行充分放电 4.将高、低压侧套管擦干净	1.测试前检查变压器是否与其他电源可靠断开 2.将变压器外壳可靠接地，戴绝缘手套用接地棒对变压器高、低压绕组逐相进行充分放电（每相不少于 2 min）；可避免绕组上残余电荷导致较大的测量误差 3.变压器套管表面脏污、油渍等会使其表面泄漏电流增大，表面绝缘下降，为获得正确的测量结果，试品表面保持干净，以免漏电影响测量的准确度
	3	绝缘电阻表准备	1.表计的检查：检查表计外观及试验合格证 2.表计短路试验：兆欧表放在水平位置，防止剧烈振动，慢慢地转动兆欧表，观察指针是否指在"0"位；再将"L"和"E"两个接线柱短路，看指针是否指在"0" 3.表计的开路试验：将接线端钮"L"和"E"开路，摇动表，阻值为"∞"	1.检查表计外观是否完好，合格证日期在规定时间内 2.在未接线之前，先转动兆欧表看指针是否在"0"处 3.短路试验时，辅助人员必须戴绝缘手套 4.短路试验时，摇表转动要慢（低速），短接时间要短，瞬间拿开，以防烧坏表计 5.摇动表计时，左手按住兆欧表，右手顺时针摇动摇把 6.摇表指针不能指到"∞"或"0"位置，表明绝缘电阻表有故障，应经检查修理后再使用
	4	高压对低压及地的绝缘电阻测量	1.把高压侧的 3 个桩头用短接线相连接 2.低压侧的 4 个桩头用短接线相连接并用连接线接地 3.用测试引线将测试仪"E"端和低压桩头连接 4.手摇测试仪转速由低到高，达到 120 r/min 后，将"L"端测试引线接于测试桩头（高压端） 5.保持 120 r/min 左右，读取 15 s 和 1 min 绝缘电阻值，记录读数 6.记录读数后，先将"L"端测试引线与测试桩头（高压端）分开后，再降低手摇测试仪转速至零 7.对配电变压器测试桩头（高压端）放电	1.高、低压侧短接桩头连接线牢固 2.测试线的接线必须正确无误；测试导线不得使用双股绝缘线或绞线，应用单股线分开连接 3.手摇测试仪转速达到 120 r/min 后，将"L"端测试引线接于测试桩头时，开始计时 4.读取 15 s 和 1 min 绝缘电阻值时，应提前提醒操作人员（如 13，14，15 s 和 58，59，60 s） 5.记录读数后，先将"L"端测试引线与测试桩头分开后，再降低手摇测试仪，防止烧坏表计 6.对配电变压器测试桩头充分放电后，才允许拆线；进行下一步操作 7.测试过程中，为避免电击，不得碰触测试导线和配电变压器，测试后同样不得碰触 8."L"端测试引线接于测试桩头时应用挂钩钩住，不能绕死 9.测试过程中，如绝缘电阻迅速下降（到零），应停止测试。说明被测设备有短路现象，以防表内动圈过热而损坏

续表

√	序号	操作内容	操作步骤及标准	安全措施和注意事项
	5	低压对高压及地的绝缘电阻测量	1.把高压侧的 3 个桩头用短接线相连接并用连接线接地 2.低压侧的 4 个桩头用短接线相连接 3.用测试引线将测试仪"接地"端和高压桩头及接地连接 4.手摇测试仪转速由低到高,达到 120 r/min 后,将"L"端测试引线接于测试桩头(低压端) 5.保持 120 r/min 左右,读取 15 s 和 1 min 绝缘电阻值,记录读数 6.记录读数后,先将"L"端测试引线与测试桩头(低压端)分开后,再降低手摇测试仪转速至零 7.对配电变压器测试桩头(低压端)放电	1.高、低压侧短接桩头连接线牢固 2.测试线的接线必须正确无误;测试导线不得使用双股绝缘线或绞线,应用单股线分开连接 3.手摇测试仪转速达到 120 r/min 后,将"L"端测试引线接于测试桩头时,开始计时 4.读取 15 s 和 1 min 绝缘电阻值时,应提前提醒操作人员(如 13,14,15 s 和 58,59,60 s) 5.记录读数后,先将"L"端测试引线与测试桩头分开后,再降低手摇测试仪,防止烧坏表计 6.对配电变压器测试桩头充分放电后,才允许拆线;进行下一步操作 7.测试过程中,为避免电击,不得碰触测试导线和配电变压器,测试后同样不得碰触 8."L"端测试引线接于测试桩头时应用挂钩钩住,不能绕死 9.测试过程中,如果绝缘电阻迅速下降(到零),应停止测试。说明被测设备有短路现象,以防表内动圈过热而损坏
	6	绝缘电阻值的判断	1.绝缘电阻就是指加于试品上的直流电压与流过试品的泄漏电流之比(在直流电压的作用下流过绝缘介质的总电流是电容电流、吸收电流和泄漏电流总和) 2.应根据配电变压器状况及测量时天气情况,综合分析、判断,作出结论 3.当介质受潮、老化、表面脏污或有其他缺陷(如有裂纹、炭化、气泡等)时,绝缘电阻降低,可通过测量绝缘电阻大小来了解设备的绝缘情况	1.由于温度对绝缘电阻影响很大,为便于比较测量结果,应根据测量天气温度进行绝缘电阻换算(20 ℃) 2.绝缘电阻一般不低于 300 MΩ 3.安装时绝缘电阻值不应低于出厂试验时的 70% 4.进行预防性试验时绝缘电阻值不应低于安装或大修后投入运行前的测量值的 50%;同期同类型绕组的绝缘电阻不应有明显异常 5.同一变压器绝缘电阻测量结果,一般高压绕组测量值大于低压绕组测量值 6.电容电流、吸收电流经过一段时间后趋于零,测量绝缘电阻时,必须等到兆欧表指示稳定后才读数(一般为 60 s)

√	序号	操作内容	操作步骤及标准	安全措施和注意事项
	7	吸收比的判断	1.把60 s和15 s时绝缘电阻的比值称为吸收比 2.一般要求不低于1.3	1.吸收比可以很灵敏地反映变压器绝缘的局部缺陷及受潮情况,绝缘受潮劣化时,泄漏电流比电容电流与吸收电流(15 s)之和增加得快,绝缘良好时,泄漏电流很小,吸收电流相对较大 2.吸收比反映不了绝缘吸收现象的整体,仅反映吸收现象的局部,而且与绝缘结构、油质、温度等有很大关系
	8	填写记录	将测量的数据记录到试验报告中	试验报告必须完整、正确

(5)试验记录

1)测量环境及人员

试验日期	
环境温度	
环境湿度	
工作负责人	
试验人员	

2)配电变压器铭牌

设备型号		额定容量	
额定电压		接线组别	
冷却方式		阻抗电压	
制造日期		生产厂家	

3)试验数据记录

绝　缘	15 s	60 s	$R_{60\,s}/R_{15\,s}$
高压对低压及地/MΩ			
低压对高压及地/MΩ			

（6）试验结果判断

试验结果判断如下：

①绝缘电阻值 $R_{60\,s}$ 不应低于安装或大修后投入运行前的试验值50%。

②当测量温度与产品出厂试验时的温度不符时，可按表1.6换算到同一温度时的数值进行比较。

表1.6　油浸式变压器绝缘电阻的温度换算系数

温度差 K	5	10	15	20	25	30	35	40	45	50	55	60
换算系数 A	1.2	1.5	1.8	2.3	2.8	3.4	4.1	5.1	6.2	7.5	9.2	11.2

③当测量绝缘电阻的温度差与表1.6中所列数值不一致时，其换算系数 A 可用线性插入法确定，也可由计算式(1.4)得到，即

$$A = 1.5^{\frac{K}{10}} \tag{1.4}$$

④校正到20 ℃时的绝缘电阻值 R_{20} 可通过计算得到。

当实测温度在20 ℃以上时：

$$R_{20} = AR_t \tag{1.5}$$

式中　R_t——在测量温度下的绝缘值，MΩ。

当实测温度在20 ℃以下时：

$$R_{20} = \frac{R_t}{A} \tag{1.6}$$

⑤当无原始资料可查时，可参考表1.7所列数据。

表1.7　油浸变压器绕组绝缘电阻的允许值

单位：MΩ

高压绕组电压/kV	温度/℃								
	5	10	20	30	40	50	60	70	80
3~10	675	450	300	200	130	90	60	40	25
20~35	900	600	400	270	180	120	80	50	35
66~220	1 800	1 200	800	540	360	240	160	100	70

⑥变压器电压等级为35 kV及以下、容量小于10 000 kV·A,在10~30 ℃时,吸收比一般不小于1.3;变压器电压等级为35 kV及以上、容量大于10 000 kV·A,在10~30 ℃时,吸收比一般不小于1.5。当R_{60s}大于3 000 MΩ时,吸收比可不作考核要求。

⑦变压器电压等级为220 kV及以上、容量为120 MV·A及以上时,宜用5 000 V绝缘电阻表测量极化指数。测得值与前次试验值相比应无明显差别,且在常温下不小于1.5。当R_{60s}大于10 000 MΩ时,极化指数可不作考核要求。

(7)试验结论

根据试验测量数据,写出所测量配电变压器的绝缘状况结论。

任务1.4 小型异步电动机的绝缘电阻测量

1.4.1 试验目的

通过绝缘电阻和吸收比测试,能有效检查出电动机引出线绝缘套管和引出部分污损老化、绕组绝缘老化、绕组受潮等常见缺陷。

1.4.2 试验电压选择

绝缘电阻的测量是一个直流电压试验,且必须将试验电压限制至接近于绕组额定电压和绝缘的基本状况。这对于小型低压或绕组受潮的电机是非常重要的。若试验电压太高,施加的电压可能会超过绝缘的承受能力,导致绝缘失效。

试验电压的选取原则见表1.8。绝缘电阻的读数在直流试验电压施加后1 min读取。

表1.8 电动机定子绕组绝缘电阻试验电压选取原则

绕组额定电压/V	绝缘电阻试验直流电压/V
<1 000	500
1 000~2 500	500~1 000
2 501~5 000	1 000~2 500
5 001~12 000	2 500~5 000
>12 000	5 000~10 000

1.4.3 试验方法

①测量前先将兆欧表进行一次开路和短路试验,检查兆欧表是否正常。具体操作为:将两连接线(L线、E线)开路,摇动手柄指针应指在无穷大处,再把两连接线短接一下,指针应指在零处。

②在测量前三相交流电动机必须切断电源。先打开电机的接线盒,里面有6个接线柱。

三相电机分三角形和星形接法两种,拆开连接铜片,同时要记住是哪种接法(以保证试验后能正确恢复),然后用万能表电阻挡在接线柱上找出三相绕组,一般是上下斜对角。

③将兆欧表 L 端连接 A,B,C 三相中任意一相,其余两相短接接地。将兆欧表 E 端连接电动机外壳(连接部位必须无绝缘漆,如固定电机用底脚螺栓处)并接地,依次测量 A,B,C 三相各自对外壳共 3 个绝缘电阻值。测量时,将兆欧表置于水平位置,摇把转动时其端钮间不许短路。手摇发电机应由慢到快,转速应达到 120 r/min,并保持匀速摇动兆欧表 1 min 后,读取表针稳定的指示值。测试中注意防止触电。摇动过程中,当出现指针已指零时,就不能再继续摇动,以防表内线圈发热损坏。每次测量后应放电。

④将兆欧表 L 端和 E 端分别接到任意两相绕组的任一端头上,依次测量 A,B,C 三相两两之间的绝缘电阻共 3 个绝缘电阻值。其余测量步骤同上。

⑤测试完毕后恢复电动机三相绕组连接铜片。

1.4.4 试验记录

试验记录见表 1.9。

表 1.9 试验记录表

型 号	功率/kW	电压/kV	电流/A	转速/(r·min^{-1})
功率因数	接法	出厂编号	出厂日期	制造厂
绝缘电阻及吸收比	环境温度:		环境湿度:	
试验日期:				
试验仪器:				
相序	15 s	60 s	$R_{60\,s}/R_{15\,s}$	
A—BC 及地				
B—AC 及地				
C—AB 及地				
A—B				
B—C				
A—C				
结论				

1.4.5 结果判断

用于确定绝缘电阻最小值的推荐标准(GB/T 20160—2006),见表 1.10。

表 1.10　40 ℃时绝缘电阻的最小值

最小绝缘电阻值/MΩ	试验对象
$R_{1\min} = kV+1$	适用于约 1970 年以前制造的大多数绕组
$R_{1\min} = 100$	适用于约 1970 年以后制造的大多数直流电枢和交流绕组(成型线圈)
$R_{1\min} = 5$	适用于大多数额定电压为 1 kV 以下的,具有散下线定子线圈和具有成型线圈的电机

由于温度对绝缘电阻值的影响,实际温度下测得的绝缘电阻值需校正到 40 ℃才能与表 1.10 中数据进行比较。校正用式(1.7)进行:

$$R_{40} = K_T R_T \tag{1.7}$$

式中　R_{40}——校正到 40 ℃的绝缘电阻值,MΩ;

　　　K_T——在温度 T ℃时绝缘电阻的温度系数;

　　　R_T——在温度 T ℃时所测量的绝缘电阻,MΩ。

温度系数 K_T 由式(1.8)导出:

$$K_T = (0.5)^{\frac{40-T}{10}} \tag{1.8}$$

测量所得的 6 个绝缘电阻值均满足表 1.10 的要求才视为合格。

也有规程规定,电动机在热状态(75 ℃)条件下,一般中小型低压电动机的绝缘电阻值应不小于 0.5 MΩ,高压电动机(1 kV 及以上)每千伏工作电压定子的绝缘电阻值应不小于 1 MΩ。

任务 1.5　金属氧化物避雷器绝缘电阻测量

金属氧化物避雷器由金属氧化物阀片串联组成,没有火花间隙与并联电阻。通过测量其绝缘电阻,可以发现内部受潮及瓷质裂纹等缺陷。

测量前应检查避雷器瓷套有无外伤。测量时,避雷器额定电压为 35 kV 以上,应用 5 000 V 兆欧表测量;避雷器额定电压为 35 kV 以下、1 kV 以上,应用 2 500 V 兆欧表测量;避雷器额定电压为 1 kV 以下,应用 500 V 兆欧表测量。测量时应将试验接线与避雷器可靠连接,摇表放水平位置。

当天气潮湿时,瓷套表面对泄漏电流的影响较大,应用干净的布把瓷套表面擦净,并用金属丝在下端瓷套的第一裙下部绕一圈再接到摇表的屏蔽接线柱(G 端子),以消除表面泄漏电流影响。

1.5.1　试验目的

通过绝缘电阻测量,检查避雷器内部受潮和并联电阻断裂缺陷。

1.5.2　试验设备

2 500 V 兆欧表或绝缘电阻测试仪。

1.5.3　试验接线

金属氧化物避雷器绝缘电阻测量接线图如图 1.12 所示。

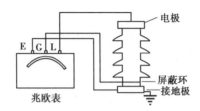

图 1.12　金属氧化物避雷器绝缘电阻测量接线图

1.5.4　试验记录

试验记录见表 1.11。

表 1.11　试验记录表

规格型号	制造厂名	出厂编号
绝缘电阻：　　　　　环境温度：　　　　　环境湿度：		
试验日期：		
试验仪表：		
绝缘电阻：		
结论：		

1.5.5　试验结果判断

①35 kV 以上电压：绝缘电阻不小于 2 500 MΩ；

②35 kV 及以下电压：绝缘电阻不小于 1 000 MΩ；

③低压(1 kV 以下)：绝缘电阻不小于 2 MΩ。

任务 1.6　电力电缆绝缘电阻测量

从电缆绝缘的数值可初步判断电缆绝缘是否受潮，并可由耐压试验检查出缺陷的性质，所以，耐压试验前后均应测量绝缘电阻。测量时，500 V~1 kV 电缆用 1 000 V 兆欧表；1 kV 以上电缆用 2 500 V 兆欧表(6 kV 及以上电缆也可用 5 000 V 兆欧表)。

1.6.1　试验目的

通过绝缘电阻测量，检查电缆内部受潮和绝缘缺陷。

1.6.2　试验设备

2 500 V 兆欧表或绝缘电阻测试仪。

1.6.3　试验接线

(1)单芯电缆测试图

单芯电缆测试接线图,如图 1.13 所示。

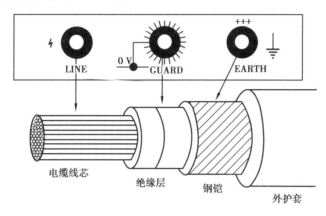

图 1.13　单芯电缆测试接线图

(2)三芯电缆测试

对于三芯电缆,应逐相测试(图 1.14)。当测量一根芯的绝缘电阻时,应将其余两芯和电线电缆外皮一起接地。

(3)橡塑绝缘电缆测试

对于橡塑绝缘电缆(主要指交联聚乙烯电缆),除测量芯线绝缘电阻外,还要测量钢铠对地的绝缘电阻及铜屏蔽对钢铠的绝缘电阻,以确定内、外护套有无损伤,判断绝缘有无受潮的可能。测量时通常用 500 V 兆欧表进行,当绝缘电阻低于 0.5 MΩ/km 时,应用万用表正、反接线分别测屏蔽层对铠装、铠装层对地的绝缘电阻,当两次测得的阻值相差较大时,表明外护套或内衬层已破损受潮。

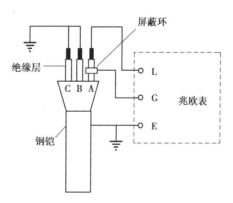

图 1.14　三芯电缆测试接线图

1.6.4　试验记录

三相电力电缆绝缘电阻试验记录表,见表 1.12。

表 1.12　试验记录表

规格型号	额定电压/kV		长度/m	
绝缘电阻:	环境温度:		环境湿度:	
试验日期:				
试验仪表:				
相序	A—B、C、铠装层及地		B—A、C、铠装层及地	C—A、B、铠装层及地
绝缘电阻				
结论:				

1.6.5　试验结果判断

运行中的电缆,其绝缘电阻应从各次试验数值的变化规律及相间的相互比较综合判断,其相间不平衡系数(最大值与最小值之比)一般不大于 2~2.5。

电缆绝缘电阻的数值随电缆的温度和长度而变化。为便于比较,应换算为 20 ℃时每千米长的数值,即

$$R_{i20} = R_{it} \cdot KL \tag{1.9}$$

式中　R_{i20}——电缆在 20 ℃时的单位绝缘电阻,MΩ·km;

　　　R_{it}——电缆长度为 L,在 t ℃时的绝缘电阻,MΩ;

　　　L——电缆长度,km;

　　　K——温度系数,见表 1.13。

表 1.13　电缆绝缘的温度换算系数

温度/℃	0	5	10	15	20	25	30	35	40
K	0.48	0.57	0.70	0.85	1.0	1.13	1.41	1.66	1.92

停止运行时间较长的地下电缆可以以土壤温度为准,运行不久的应测量导体直流电阻后计算缆芯温度。良好电缆的绝缘电阻值通常很高,其最低值按制造厂规定:新的交联聚乙烯电缆,每一缆芯对外皮的绝缘电阻(20 ℃时每千米的数值),额定电压 6 kV 的应不小于 1 000 MΩ;额定电压 10 kV 的应不小于 1 200 MΩ;额定电压 35 kV 的应不小于 3 000 MΩ。

任务 1.7　10 kV 互感器绝缘电阻测量

10 kV 互感器分为电压互感器和电流互感器,其工作原理为电磁式,由一次绕组、二次绕组和铁芯组成,绝缘结构大多为干式。

测量绝缘电阻时,一次绕组用 2 500 V 兆欧表测量,二次绕组用 500 V 或 1 000 V 兆欧表

测量。测量时,测试绕组首尾短接后接至兆欧表"L"端,非被测绕组首尾短接后接至兆欧表"E"端。

1.7.1　试验目的

通过绝缘电阻测量,检查互感器内部受潮和绝缘缺陷。

1.7.2　试验设备

2 500 V 兆欧表或绝缘电阻测试仪。

1.7.3　试验接线

互感器绝缘电阻测试接线图如图 1.15 所示。

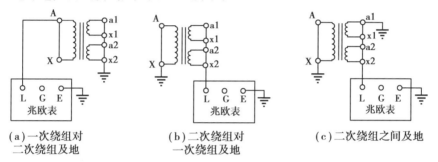

（a）一次绕组对　　　　（b）二次绕组对　　　　（c）二次绕组之间及地
　二次绕组及地　　　　　一次绕组及地

图 1.15　互感器绝缘电阻测试接线图

1.7.4　试验记录

（1）10 kV 干式电压互感器绝缘电阻

10 kV 干式电压互感器绝缘电阻试验记录表见表 1.14。

表 1.14　10 kV 干式电压互感器绝缘电阻试验记录表

型　号	额定电压/kV	变　比		
额定容量	准确等级	出厂编号	出厂日期	制造厂
绝缘电阻及吸收比:		环境温度:		环境湿度:
试验日期:				
试验仪器:				
测量位置	15 s		60 s	$R_{60\,s}/R_{15\,s}$
一次对二次及地				
二次对一次及地				
二次之间				
结论				

（2）10 kV 干式电流互感器绝缘电阻

10 kV 干式电流互感器绝缘电阻试验记录表见表 1.15。

表 1.15 10 kV 干式电流互感器绝缘电阻试验记录表

型　号			变　比		
额定容量	准确等级	出厂编号	出厂日期		制造厂
绝缘电阻及吸收比：		环境温度：		环境湿度：	
试验日期：					
试验仪器：					
测量位置	15 s		60 s		$R_{60\,s}/R_{15\,s}$
一次对二次及地					
二次对一次及地					
二次之间					
结论					

1.7.5　试验结果判断

①与历次试验结果和同类设备的试验结果相比无显著差别。

②一次绕组对二次绕组及地应大于 1 000 MΩ，二次绕组之间及对地应大于 10 MΩ。

③不应低于出厂值或初始值的 70%。

项目 **2**

直流泄漏电流测量和直流耐压试验

任务 2.1 直流泄漏电流测量原理学习

2.1.1 直流泄漏电流测量原理

当直流电压加于被试设备时,其充电电流随时间的增长而逐渐衰减至零,而电导电流则保持不变。故微安表在加压一定时间后,其指示数值趋于恒定,此时读取的数值则等于或近似等于电导电流即泄漏电流 I_∞。

对于良好的绝缘,随着外施电压的增加,由于离子运动速度加快,泄漏电流增加,在不太高的范围内,泄漏电流随外施电压的增加呈直线关系且上升较小。但当绝缘受潮以后,泄漏电流随外施电压上升很大。绝缘存在贯穿的集中性缺陷时,当外施电压升高到一定的数值以后,泄漏电流激增。绝缘的集中性缺陷越严重,出现泄漏电流激增点的电压越低。图 2.1 所示为某发电机绝缘在不同状况下泄漏电流与所加试验电压的关系,对于良好的绝缘,泄漏电流随电压而直线上升且电流值较小,电流上升得慢,如图 2.1 中曲线 1 所示;如果绝缘受

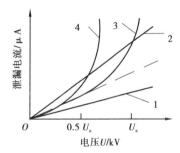

图 2.1 某发电机绝缘的泄漏电流与
所加直流电压关系

1—绝缘良好;2—绝缘受潮;3—绝缘中有集
中性缺陷;4—绝缘中有危险的集中性缺陷

潮,那么电压值加大,电流上升得快,如图 2.1 中曲线 2 所示;如果泄漏电流随电压而直线上升到一定位置出现转折且迅速上升,那么,说明绝缘中有集中性缺陷,如图 2.1 中曲线 3 所示;如果在试验电压的一半附近泄漏电流已经迅速上升,如图 2.1 中曲线 4 所示,那么这台发电机在运行时有击穿的危险。

利用上述原理,在一定的直流试验电压范围内,对绝缘施加不同数值的直流试验电压,并测量通过绝缘的相应泄漏电流,由电流的大小及电流与电压的变化关系,就可以分析和判断绝缘的性能。

可见,测量泄漏电流的原理和测量绝缘电阻的原理本质上是完全相同的,而且能检出缺陷的性质也大致相同。但由于泄漏电流测量中所用的电源一般均由高压整流设备供给,并用微安表直接读取泄漏电流,因此,它与绝缘电阻测量相比又有自己的特点:

①试验电压高,并且可随意调节。测量泄漏电流时是对一定电压等级的被试设备施以相应的试验电压,这个试验电压比绝缘电阻表额定电压高得多,所以容易使绝缘本身的弱点暴露出来。因为绝缘中的某些缺陷或弱点,只有在较高电场强度下才能暴露出来。对瓷质绝缘的裂纹、夹层绝缘的内部受潮及局部松散断裂、绝缘油劣化、绝缘的沿面炭化、高阻接地等缺陷,用兆欧表测量不易发现,做泄漏电流试验往往容易发现。

②泄漏电流可由微安表随时监视,灵敏度高,测量重复性也较好。例如,对某台 SFPST-220 型少油断路器,用绝缘电阻表测得各相的绝缘电阻均在 10 000 MΩ 以上,当进行 10 kV 直流泄漏电流测量时,三相电流显著不对称,其中两相都是 2 μA,另一相是 60 μA。最后检出该相支持瓷套有裂纹。

③根据泄漏电流测量值可以换算出绝缘电阻值,而用绝缘电阻表测出的绝缘电阻值则不可能换算出泄漏电流值。因为要换算,首先要知道加到被试设备上的电压是多少,绝缘电阻表虽然在铭牌上刻有规定的电压值,但加到被试设备上的实际电压并非一定是此值,而与被试设备绝缘电阻的大小有关,当被试设备的绝缘电阻很低时,作用到被试设备上的电压也非常低,只当绝缘电阻趋于无穷大时,作用到被试设备上的电压才接近于铭牌值。这是因为被试设备绝缘电阻过低时,绝缘电阻表内阻压降使"线路"端子上的电压显著下降。

2.1.2 直流泄漏电流试验接线

直流泄漏电流测量需要有一个小容量的直流电源,获得直流电源的方式有半波整流和倍压整流两种。

(1)半波整流

根据微安表在试验回路中的位置,可分为两种基本接线方式。

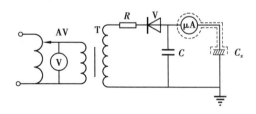

图 2.2 微安表接在高压侧的接线图

1)微安表接在高压侧

接线如图 2.2 所示,图中 AV 为调压器,用来调节电压;T 为试验变压器,用来升高交流电压;V 为高压硅堆,用来整流;C 为滤波电容,用来减小直流电压的脉动,电容值一般不小于 0.1 μF。对于大容量试品,如发电机、电缆等可以不加滤波电容。

这种接线适合被试品的一极接地,即与地不能分开的情况。此时因微安表具有高电位,读数时必须保持足够的安全距离,调整微安表的量程时必须使用绝缘棒。同时为了使微安表到被试品的连线上产生的电晕电流及沿微安表绝缘支柱表面的泄漏电流不流过微安表,需将微安表以及微安表到被试品的高压引线屏蔽起来,并将其与微安表到高压硅堆的引线相连。

2)微安表接在低压侧

接线如图 2.3 所示,此时微安表处于低电位,具有读数安全、切换量程方便的优点。但是这种接线方式要求被试品的两极都不能接地,仅适合于那些接地端可与地分开的电气设备。

3)微安表的保护

试验过程中,被试品放电或击穿可能使微安表烧毁,因此需对微安表加以保护。常用的保护电路如图 2.4 所示。图中并联在微安表两端的开关 S 用来短接微安表,只在读数时打开;并联电容 C 的作用除了可滤掉泄漏电流中的高频分量使微安表的读数稳定外,更重要的是在被试品被击穿时,使作用在放电管 F 上的冲击电压上升陡度降低,使放电管 F 来得及动作,达到分流被试品击穿时的短路电流的目的;R 为串联增压电阻,使微安表达到满量程时放电管击穿,R 的阻值取为放电管的击穿电压与微安表的满刻度之比。

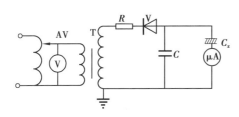

图 2.3　微安表接在低压侧的接线图

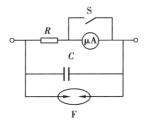

图 2.4　微安表的保护电路图

(2)倍压整流

在有些设备(如 35 kV 及以上电力电缆)的直流试验中,需要较高的试验电压,除了硅堆额定电压不能满足要求外,高压试验变压器的电压也难达到,为此可采用倍压整流电路(图 2.5)。

当电源电压为负半波时(即试验变压器绕组接地端为正),电源变压器经二极管 VD_2、电阻 R 对 C_1 充电到 U_m;正半波时(即变压器绕组接地端为负)变压器电压与电容器 C_1 上的电压叠加,经二极管 VD_1

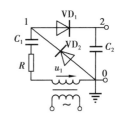

图 2.5　倍压整流电路

和电阻 R 对电容 C_2 充电到 $2U_m$。所以,当空载时,直流输出电压(即点 2—0 间的电压)为恒定的 $2U_m$。

工程常用的 ZGF 高频直流高压发生器就采用了倍压整流电路。该装置主要由控制箱和直流高压发生器(倍压筒)两部分组成,测试接线如图 2.6 所示。其中,ZGF 高压发生器就是一倍压整流装置。

ZGF 高频直流高压发生器采用如图 2.7 所示的串接整流电路。其工作原理与倍压整流电路类似,电源为负半波依次给左柱的电容器充电,而电源为正半波依次给右柱的电容器充电。空载时,n 级串接的整流电路可输出 $2nU_m$ 的直流电压。

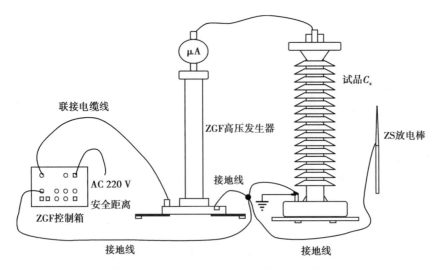

图 2.6　ZGF 高频直流高压发生器试验接线图

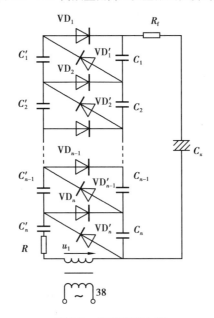

图 2.7　串接整流电路

2.1.3　试验结果的分析判断

　　和测量绝缘电阻一样,测量泄漏电流时,要注意温度、湿度和表面泄漏电流等对测量结果的影响,比较测试值时,应将测试值换算至同一环境条件下进行比较。对某些设备,其泄漏电流值在试验规程中有明确规定,这时应根据测量值是否小于规定值来判断绝缘状况。对试验规程中没有明确规定泄漏电流的设备,可与历年试验结果比较、与同型设备比较、与同一设备各项指标相互比较,根据泄漏电流的变化情况作出绝缘状况判断。

　　对于发电机、变压器等重要设备,还可将泄漏电流与所加直流电压的关系和泄漏电流随时间的变化关系绘成曲线进行全面的分析和判断。

任务 2.2　直流耐压试验原理学习

2.2.1　直流耐压试验的目的及意义

直流耐压试验也能确定绝缘的电气强度,与交流耐压试验相比,它的优点如下:

①可使试验设备轻小,也即大容量试品(电缆、电容器等)进行交流耐压试验时,试验设备容量往往过大(为使试验及调压设备轻便,可采用谐振试验线路以减小电源设备容量)。

②在对绝缘进行直流耐压试验的同时,可通过测量泄漏电流来观察绝缘内部集中性缺陷。试验接线同前面介绍的泄漏电流试验相同。如一台 30 MW,10.5 kV 汽轮发电机各相绕组的直流泄漏电流试验,当试验电压升至 14 kV 时,A 相泄漏电流突然急剧增加,经检查,A 相端部对绑环有一处放电。

③直流耐压试验比交流耐压试验更能发现电机端部的绝缘缺陷。其原因是直流下没有电容电流从线棒流出,因而无电容电流在半导体防晕层上造成的压降,故端部绝缘上的电压较高,有利于发现绝缘缺陷。

④在对电力电缆进行直流耐压试验时,通常也利用泄漏电流值寻找缺陷。当测得三相泄漏电流值相差过大或增长较快时,可依具体情况提高试验电压或延长耐压时间来发现缺陷。

⑤直流耐压试验对绝缘损伤较小,如果被试绝缘中有气泡,在直流电压作用下,当作用电压较高,以至于在气泡中发生局部放电后,在电场作用下,气泡中的正、负电荷将分别反向移动,停留在气泡壁上。这样,外电场在气泡里的强度便不断减弱,从而抑制了气泡内部的局部放电过程,当正、负电荷慢慢地通过周围的泄漏电流中和后,才会再发生一次放电。在交流电场中,每当电压改变一次方向,空间电荷非但不减弱,反而会加强气泡里的电场强度,因而加强了局部放电的发展。不仅如此,做交流耐压试验时,每个半波都要发生局部放电。这种局部放电会促使油和有机绝缘材料的分解与老化、变质等,并使其绝缘性能降低,扩大其局部缺陷。因此,直流耐压试验加压时间可以较长,一般采用 5~10 min。

当然,直流耐压试验也是有缺点的。由于电力设备的绝缘大多数是组合电介质,在直流电压作用下,其电压是按电阻分布的,所以交流电力设备在交流电场下的弱点用直流电压做试验就不易被发现。所以,与交流耐压试验相比,直流耐压试验的缺点是:对绝缘的考验不如交流下接近实际和准确。

直流耐压试验电压的选取,系参考交流耐压试验电压和交直流下击穿强度之比,并主要根据运行经验来确定。例如,对发电机定子绕组取 2~2.5 倍额定电压;对电力电缆,3,6,10 kV 的取 5~6 倍额定电压;20,35 kV 的取 4~5 倍额定电压;35 kV 及以上的则取 3 倍额定电压。直流耐压的时间可以比交流耐压长,例如,发电机试验时是每级 1/2 额定电压地分段升高,每阶段停留 1 min,以观察并读取泄漏电流值。电力电缆试验时,在额定电压下持续 5 min,以观察并读取泄漏电流值。

2.2.2 直流高压试验注意事项

对直流高压试验来说,特别需要注意:试验装置应能在试验电压下供给被试品的泄漏电流、吸收电流、内外局部放电电流及被试品击穿前瞬时临界泄漏电流,不得引起过大的内部压降以致测量结果造成较大的误差。应该估计到,某些被试品在击穿前瞬时的临界泄漏电流是相当大的。例如,极不均匀电场长气隙击穿或沿面闪络,特别是湿污状态下的沿面闪络,击穿前瞬时的临界泄漏电流将达安培级。在这样大的泄漏电流下,如要避免引起过大的动态压降,最根本和有效的措施是增大交流电源的容量,同时要安装适当电容量的滤波电容器。

对绝缘做直流耐压试验时,为避免在电源合闸的过渡过程中产生过电压,应从相当低的电压值开始施加电压。在75%试验电压值以下时,应以均匀速度缓慢地升高电压,以保证试验人员能从仪表上精确读数。超过75%试验电压值后,应以每秒2%试验电压的速度上升到100%试验电压值,在此值下保持规定时间后,切除交流电源,并通过适当的电阻使滤波电容器放电。

对电压的极性或正、负极性电压施加的次序,在有关标准中有规定,一般规定为:如确认某一极性对绝缘作用较严重,可只做这一极性的耐压试验。

直流耐压试验完毕后,首先应切断高压电源,一般需待试品上的电压降至一半的试验电压以下时,将被试品经电阻接地放电,最后直接接地放电。对于大容量试品,需放电5 min以上,以使试品上的充电电荷放尽。另外,对附近的电力设备有感应静电电压的可能时,也应予以放电或事先短接。对于现场组装的倍压整流装置,要对各级电容器逐级放电后,才能进行更改接线或结束试验,拆除接线。

2.2.3 直流耐压试验接线与步骤

直流耐压试验接线与泄漏电流测量相同,且两者同时进行;直流耐压试验的试验步骤同交流耐压试验,此处不再赘述。

任务2.3 直流泄漏电流测试设备知识学习

2.3.1 TE-DMC10 数显控制箱

(1)电源输入

本仪器使用交流220 V电源。

(2)安全注意事项

①为了保障操作人员及仪器的安全,确保仪器接地良好。

②试验准备时最先接好地线,工作完毕时,最后拆除接地线。

③接入仪器的电源要求能承受50 A电流冲击。

④电源应接入仪器面板的电源输入端子,切勿接入其他接线端子,以免损坏设备。

⑤仪器与变压器连接时,注意各个接线柱与试验变压器一一准确连接,切勿将控制箱的输出端接到试验变压器的仪表端子,以免损坏设备。

⑥本设备的最大承受电流为 50 A,因此设定过流保护的电流值最大不应超过 50 A。

⑦在通电情况下,不得插拔任何接线。

⑧当在室外时,请勿将仪器长时间置于太阳下暴晒。

(3)**面板布置**

1)面板示意图

TE-DMC10 数显控制箱面板布置图,如图 2.8 所示。

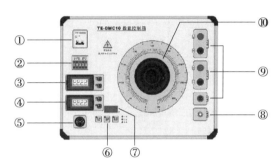

图 2.8   TE-DMC10 数显控制箱面板布置图

2)各部件说明

①电源开关:采用双通道空气开关来控制设备电源。

②计时触发电压设定及过流保护设定:通过拨码开关来设定计时触发的电压及过流保护的动作值。

③电压显示屏:显示试验变压器高压侧实际输出电压及试验变压器仪表侧的电压。高压显示单位为"kV",低压显示单位为"V"。

④电流显示屏:显示试验变压器输入端电流值及试验变压器高压侧电流值。高压侧电流显示单位为"mA",低压侧电流显示单位为"A"。

⑤声光报警:调压器处于零位、过压及过流状态时,仪器发出提示信号。

⑥按键:包括合闸按钮、分闸按钮、计时按钮以及高压电压、仪表电压切换按钮和高压电流、低压电流切换按钮。

⑦时间显示:以秒为单位显示耐压时间,每 60 s 提示一次。

⑧接地端子:为了保证操作人员的人身安全及设备安全,仪器必须良好接地。

⑨连接端子:电源 AC 220 V 与仪器"电源输入"端子连接,试验变压器的输入端子与仪器"调压输出"端子一一对应连接。试验变压器的仪表端子与仪器的"仪表"端子一一对应连接。

⑩调压器:在合闸状态下旋转调压器改变仪器电压输出的大小。

3)实际面板

TE-DMC10 数显控制箱实际面板,如图 2.9 所示。

图 2.9　TE-DMC10 数显控制箱实际面板

（4）基本操作

1）计时触发电压

改变拨码开关的前三位数字来设定计时触发电压值，例如，需要"35 kV"计时，请将拨码开关的数位拨到"035"，其中"35"表示试验变压器高压侧电压。

2）过压保护

根据计时触发电压的大小来设定电压保护值，计时触发电压值的 1.1 倍即为电压保护的动作值。过压保护后，为防止试验变压器瞬间断电带来的过电压，设备过压保护只是发出声光信号，并不切断仪器对试验变压器的供电及试验变压器的高压输出。出现过电压后，先将调压器调回零位，再按下"分闸"按钮，关闭电源开关。

3）过流保护

拨码开关的后两位为过流保护的设定值，设定值为低压侧电流值，例如，过流保护值设定为"10"，仪器在低压侧电流达到 10 A 后，设备自动切断输出电压，起保护设备及被试品的作用。此时调压器回到零位后过流指示灯熄灭，零位指示灯亮，设备可以继续工作。

4）零位启动

为了保护被试品，试验变压器应从"0 V"开始升压。当调压器处于零位状态时，按"合闸"按钮，仪器有输出；当调压器处于非零位状态时，按"合闸"按钮，仪器无法合闸，也无输出。

（5）测试

1）接线准备

①将接地线一端夹在地网上，一端接于本仪器的接地端子上。

②将试验变压器的输入端（即低压侧）用专用连接线的红色线和黑色线与仪器的调压输出端子连接。

③将试验变压器的仪表端子用专用测试线的绿色线和黄色线与仪器的仪表端子连接。

④将 AC 220 V 电源用专用电源线连接到仪器电压输入端子。

2）测试步骤

①合上电源开关，仪器显示开机状态，表头分别显示高压侧电压和低压侧电流。

②若调压器不在零位状态,先将调压器调到零位后再进行试验。

③试验过程中观察仪器电流表及电压表的变化值,达到设定的电压后仪器自动计时,计时结束后将调压器调回零位,将电源开关处于"OFF"状态,并从市电上取下专用电源线。

3)试验结束后现场清理

①关闭电源开关,拔下电源线。

②将专用测试电缆线拆除并收好,方便下次使用。

③拆除接地线,并整理好。

(6)试验线路连接

TE-DMC10 数显控制箱接线图,如图 2.10 所示。

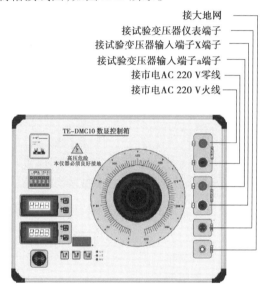

图 2.10 TE-DMC10 数显控制箱接线图

2.3.2 试验变压器

试验变压器常见的有少油式试验变压器(图 2.11)和油浸式试验变压器(图 2.12)两种。

图 2.11 少油式试验变压器

图 2.12 油浸式试验变压器

高压试验变压器是一个单相的升压变压器,具有下列特点:绝缘裕度小,平时工作电压一般不允许超过其额定电压;通常均为断续工作方式,即不同的工作电压允许不同的工作时间;容量一般不大,高压侧额定电流通常在0.1~1 A 范围内。

2.3.3 微安表

C655 型指针式微安表如图 2.13 所示。

该型微安表量程有 5 种可选,分别为 50,100,200,500,1 000 μA。

2.3.4 高压硅堆

高压硅堆如图 2.14 所示。该硅堆额定电压为150 kV,额定电流为 200 mA。

图 2.13　C655 型指针式微安表

图 2.14　高压硅堆

2.3.5 水电阻

水电阻起限流保护作用,如图 2.15 所示。

图 2.15　水电阻

2.3.6 TE-HPM 交直流高压测量系统

（1）概述

①仪器可分别测量交流高压或直流高压,也可根据要求仅测交流高压或直流高压。交流测量时可测有效值、峰值/$\sqrt{2}$ 等多种参数,并显示测量波形。

②仪器具备高压过压和闪络快速保护功能,并提供一个快速保护接口,它能快速切断交流或直流高压电源。

③仪器设计符合《绝缘配合 第14部分:高压直流系统 AC/DC 滤波器绝缘配合》(GB/T 311.14—2024)的要求。

（2）主要技术指标

①电源电压:AC 220 V±10%。

②交流输入频率:30~300 Hz。

③测量精度:AC≤1.5%　　DC≤1.0%　　AC/DC 自动转换。

④输入阻抗:≥1 MΩ。

⑤高压臂电容量:150 pF　　C_1/C_2　　R_1/R_2:10 000∶1。

⑥高压过压保护速度:1~2 周波断开高压并音响提示,闪络保护后,显示闪络瞬间电压并音响提示,过压保护默认值1.1倍,试验电压也可自行重新设定。

（3）结构及使用方法

1）高压臂

交直流高压测量系统高压臂,如图2.16所示。

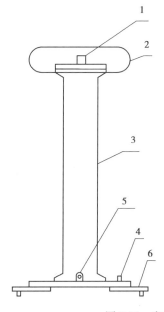

图 2.16　交直流高压测量系统高压臂

1—高压接线端子;2—均压罩;3—电容分压部件;4—接地端子;5—信号输出插座;6—撑脚

2）测量表计

交直流高压测量系统测量表计,如图2.17所示。

3）接线方法

①专用信号线两端的插头分别对应插入测量表计插座和高压臂底部的信号输出插座。

②测量表计左下角接地端子和高压臂法兰上接地端子均与大地连接。

③将测量引线的一端接到高压臂顶部端钮上拧紧,引线另一端接到被试品高压侧。

2.3.7 TE-DHG 直流高压发生器

（1）概述

TE-DHG 型直流高压发生器是一种多用途的直流高压电源设备,本仪器具有较高的稳定度和可靠性,具有电压零位合闸保护、过电压保护及过电流保护功能,

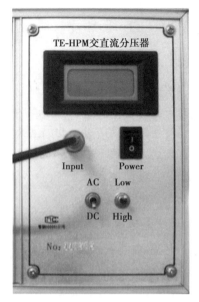

图 2.17 交直流高压测量系统测量表计

能实时保护仪器和试品的安全。本仪器还具有体积小、质量轻、便于携带、操作方便、连续可调、安全可靠等特点,适用于供电部门现场进行直流高压试验,例如,电力电缆直流耐压和泄漏试验,磁吹避雷器和氧化锌避雷器电导电流与1 mA参考电压试验,其他需要直流高压的场合。

（2）外观说明

1）操作面板示意图

直流高压发生器操作面板,如图2.18所示。

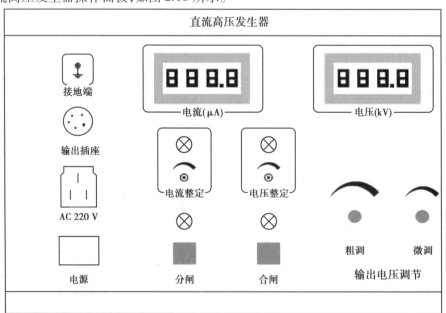

图 2.18 直流高压发生器操作面板

①电流表:数字显示直流高压输出电流值(包括试品电流、电流引线电晕电流等)。

②电压表:数字显示直流高压输出电压值。

③输出调节钮:顺时针方向转动增加输出值。逆时针方向转动减少输出值。

④分闸钮:绿色,高压回路断开按钮,此时红灯灭、绿灯亮。

⑤合闸钮:红色,高压回路接通按钮,此时红灯亮、绿灯灭。

⑥红灯:高压指示灯,高压回路接通后灯亮。

⑦绿灯:高压断开及电源指示灯,高压回路接通后,绿灯灭。

⑧过流电位器:用于整定过电流保护值,整定范围为 0.5~1 倍额定电流。

⑨过压电位器:用于整定过电压保护值,整定范围为 0.5~1 倍额定电压。

⑩电源开关:切断或接通 AC 220 V 电源。

⑪电源插座:输入 220 V、50 Hz 电源。

⑫输出端:输出高频可调电源至倍压筒。

⑬接地端:此端应与倍压筒、接地端及试品接地端连接为一点后,再与地网相连。

2)倍压筒示意图

倍压筒示意图,如图 2.19 所示。

(3)操作步骤

①首先检查操作箱和倍压筒是否完好和清洁,AC 220 V电源线和连接电缆不应断路或短路。

②参照图 2.20,将操作箱和倍压筒用专用电缆连接好,并留有足够安全的距离。然后,与试品避雷器或其他负载相连,同时,还应将放电棒接地线连接好。

注意:切记将倍压筒、操作箱、被试品、放电棒接地!

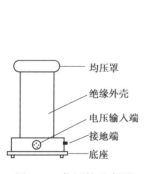

图 2.19　倍压筒示意图

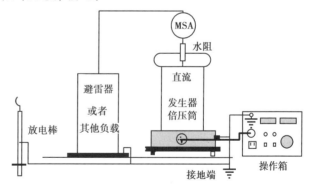

图 2.20　直流高压发生器试验接线图

③检查全部电路连线并确认无误后,进行下述空载试验。

④将电源开关置于"分"位置,将高压输出调节旋钮逆时针旋到底,合上电源开关,表头有显示,按合闸按钮,听见"啪"声,表示继电器合上,并有轻微振荡声,顺时针缓缓调节输出旋钮,调至所需电压值。如果需要使用过流、过压保护功能,请将过流、过压保护调节旋钮置于相应位置。

过压保护功能:当用户在做试验时,为了保证该机不被损坏,当负载电压超过该机额定输出电压时,防止过电压损坏设备,可采用过压保护来防止这种情况发生。首先按要求进行接线后,将试品断开,空载升压至所需保护电压值,缓慢调节过压保护旋钮,一直到该机产生保护,过压指示灯亮,然后将输出调节旋钮归零,关掉电源,放电后进行试品连接,再进行升压试验。

过流保护功能:用户在做试验时,该功能可以保证该机不被损坏,当负载电流超过该机额定输出电流时,引发过流保护动作,高压无输出,同时过流指示灯亮。这时应关掉高压旋钮和电源开关,查清原因后再进行试验。

⑤空载试验通过后,即可进行试品的直流耐压和泄漏电流试验。按常规高压试验程序进行,如果保护动作后还需要再次升压,必须先断开电源,再重复以上步骤才行。

⑥当进行容性负载试验时,因为电容的充电过程,升压速度不能快,以免输出电压超过额定值,使试品损坏。

⑦试验完毕,务必将高压输出调节旋钮退回零位,切断电源,待高压位降低一些后,用放电棒将残存电荷放尽,才能拆除试验接线。

任务2.4 支柱绝缘子直流泄漏电流测量

2.4.1 试验目的

①掌握获得直流高压的方法。
②掌握直流泄漏电流测试的原理及方法。

2.4.2 试验内容

测量支柱绝缘子导体端对地直流泄漏电流,并进行直流耐压试验。

2.4.3 试验设备

①温、湿度计一支。
②试验操作箱一台。
③50 kV 工频试验变压器一台。
④整流硅堆一个。
⑤水电阻一个。
⑥交直流分压器一台。
⑦导线、地线若干根。
⑧放电棒一支。

2.4.4 试验方法

使用交流试验变压器配合硅堆整流获得直流高压,采用半波整流电路接线,微安表采用低压侧接法。

2.4.5　试验接线

直流泄漏电流测量试验接线如图 2.21 所示。直流泄漏电流测量试验现场接线如图 2.22 所示。

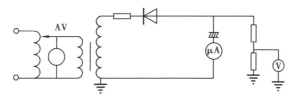

图 2.21　直流泄漏电流测量试验接线

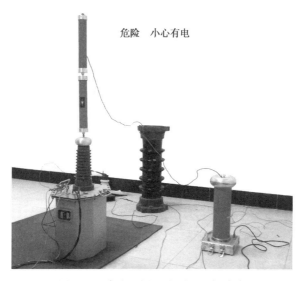

图 2.22　直流泄漏电流测量现场接线

2.4.6　试验步骤

①进行危险点分析,布置好安全措施。

②将支柱绝缘子表面用干净柔软的布擦拭干净。

③按照试验接线图将试验设备正确连接。

④检查接线正确无误,试验现场做好安全措施;防止人员走动,避免误入高压现场;设置安全区域,派专人警戒。

⑤记录环境温度和湿度。

⑥试验中应指定专人进行操作,并有人监护,一切妥当后,准备升压。此时,试验负责人(各小组组长)大声发出命令,禁止现场人员随意走动,并宣布开始升压。操作人员得到命令后,合上试验电源开关并开始升压。升压时应一边升压一边读数,升到试验电压后,向试验负责人报告。

⑦读数完毕后,将调压器调回零位,断开电源。

⑧试验结束后应对支柱绝缘子放电。

⑨做好试验结束后的设备清点、归位等工作,做好场地清理。

2.4.7 试验记录表格

(1)测量仪器记录表(表2.1)

表2.1 测量仪器记录表

仪器名称	型号/规格	仪器编号

(2)测量环境及人员(表2.2)

表2.2 测量环境及人员记录表

试验日期	
环境温度	
环境湿度	
工作负责人	
试验人员	

(3)试验变压器铭牌(表2.3)

表2.3 试验变压器铭牌参数记录表

设备型号		额定容量	
低压绕组额定电压		低压绕组额定电流	
高压绕组额定电压		高压绕组额定电流	
制造日期		生产厂家	

（4）试验数据记录（表 2.4）

表 2.4　试验数据记录表

试验电压/kV	2.5	5	7.5	10	12.5	15	17.5	20
泄漏电流/μA								

2.4.8　将试验数据用描点法绘制成曲线（略）

任务 2.5　配电变压器高压绕组直流泄漏电流测量

2.5.1　试验目的

①掌握获得直流高压的方法。
②掌握直流泄漏电流测试的原理及方法。
③根据试验结果分析判断电气设备的绝缘状况。

2.5.2　试验内容

测量 10 kV 配电变压器高压绕组对低压绕组及外壳的直流泄漏电流。

2.5.3　试验设备

①直流高压发生器一套。
②2 500 V 兆欧表一台。
③导线、地线若干根。
④放电棒一支。

2.5.4　试验方法

使用直流高压发生器（倍压整流）获得直流高压，微安表采用高压侧接法。

2.5.5　试验接线

配电变压器高压绕组直流泄漏电流测量试验接线如图 2.23 所示。

2.5.6　试验步骤

①进行危险点分析，布置好安全措施。
②将变压器高、低压侧套管用干净柔软的布擦拭干净。
③将被试变压器高、低压侧引出线分别短接。低压侧短接后接地，变压器外壳接地。

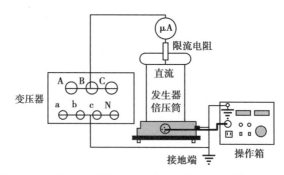

图 2.23　配电变压器高压绕组直流泄漏电流测量试验接线

④用 2 500 V 兆欧表检查变压器高压绕组对低压绕组及地的绝缘电阻值,绝缘电阻值大于表 1.7 中相应的数值,才允许进行直流泄漏电流试验;否则,终止试验。

⑤将变压器高压侧与直流高压发生器的高压输出端连接,准备施加直流电压。

⑥直流高压发生器接好线后,检查操作箱上输出调节钮是否回到零位,检查微安表接线是否正确(微安表应接在高压侧)。

⑦检查接线正确无误,试验现场做好安全措施;防止人员走动,避免误入高压现场;设置安全区域,派专人警戒。

⑧记录环境温度和湿度。

⑨试验中应指定专人进行操作,并有人监护,一切妥当后,准备升压。此时,试验负责人(各小组组长)大声发出命令,禁止现场人员随意走动,并宣布开始升压。操作人员得到命令后,合上试验电源开关并开始升压。升压时应一边升压一边读数,升到试验电压(10 kV)后,向试验负责人报告。

⑩在 10 kV 电压处停留 1 min 后读取微安表读数。读数完毕后,将输出调节钮调回零位,断开电源。

⑪试验结束后应对变压器高压绕组放电。

⑫做好试验结束后的设备清点、归位等工作,做好场地清理。

2.5.7　试验记录表格

(1)测量仪器(表 2.5)

表 2.5　测量仪器记录表

仪器名称	型号/规格	仪器编号

（2）测量环境及人员（表 2.6）

表 2.6   测量环境及人员记录表

试验日期	
环境温度	
环境湿度	
工作负责人	
试验人员	

（3）试验数据记录（表 2.7）

表 2.7   试验数据记录表

试验电压/kV	变压器高压绕组泄漏电流/μA

2.5.8   试验结果判断

油浸式电力变压器直流泄漏电流及试验电压数值见表 2.8。施加试验电压 1 min 时油浸式变压器绕组的直流泄漏电流不宜超过表 2.8 中的数值，且与前一次测试结果比较应无明显变化。

表 2.8   油浸式电力变压器直流泄漏电流及试验电压数值

额定电压 /kV	试验电压峰值 /kV	在下列温度时的绕组泄漏电流值/μA							
		10 ℃	20 ℃	30 ℃	40 ℃	50 ℃	60 ℃	70 ℃	80 ℃
2~3	5	11	17	25	39	55	83	125	178
6~15	10	22	33	50	77	112	166	250	356
20~35	20	33	50	74	111	167	250	400	570
63~330	40	33	50	74	111	167	250	400	570
500	60	20	30	45	67	100	150	235	330

根据被试变压器的试验结果判断其绝缘状况。

任务 2.6   氧化锌避雷器直流泄漏电流测量

本任务按现场作业指导书的要求完成。

2.6.1   适用范围

本作业指导书规定了无间隙金属氧化物避雷器的泄漏电流试验的作业程序和方法、试验结果判断方法和试验注意事项等。

制定本指导书的目的是在检查无间隙金属氧化物避雷器的制造与安装质量，以及在检查运行中避雷器的安全状况过程中规范试验操作、保证试验结果的准确性，为设备运行、监督、检修提供依据。

2.6.2 引用文件

GB/T 11032—2020　　　交流无间隙金属氧化物避雷器
GB 50150—2016　　　电气装置安装工程　电气设备交接试验标准
DL/T 804—2014　　　交流电力系统金属氧化物避雷器使用导则

2.6.3 试验前准备工作安排

（1）准备工作安排

序　号	内　　容	标　　准
1	根据试验性质，确定试验项目，组织作业人员学习作业指导书，使全体作业人员熟悉作业内容、作业标准、安全注意事项	不缺项、漏项
2	了解被试设备出厂和历史试验数据，分析设备状况	明确设备状况
3	根据现场工作时间和工作内容填写工作票	工作票填写正确
4	准备试验用仪器仪表，所用仪器仪表良好，有校验要求的仪表应在校验周期内	仪器良好

（2）人员要求

序　号	内　　容
1	现场作业人员应身体健康、精神状态良好
2	具备必要的电气知识和高压试验技能，能正确操作试验设备，了解被试设备有关技术标准要求，能正确分析试验结果
3	熟悉现场安全作业要求，并经《电力安全工作规程》考试合格

（3）仪器仪表和工具

序　号	名　　称	单　位	数　量	备　注
1	直流高压发生器	套	1	50 kV（或以上）
2	兆欧表	块	1	2 500 V 及以上
3	分压器	台	1	
4	温、湿度计	支	1	
5	导、地线	根	若干	

（4）危险点分析

序　号	内　　容
1	作业人员进入作业现场不戴安全帽可能会发生人员伤亡事故
2	作业人员进入作业现场可能会发生走错间隔及与带电设备保持距离不够的情况
3	试验现场不设安全围栏,会使非试验人员进入试验场地,造成触电
4	进行绝缘电阻测量后不对试品充分放电,会发生电击
5	加压时无人监护,可能会造成误加压或非试验人员误入试验场地,造成触电
6	升压过程不实行呼唱制度,会造成人员触电
7	登高作业可能会发生高空坠落或瓷件损坏
8	试验设备接地不好,可能会对试验人员造成伤害
9	变更试验接线,不断开电源,可能会对试验人员造成伤害

（5）安全措施

序　号	内　　容
1	进入试验现场,试验人员必须戴安全帽
2	现场试验工作必须执行工作票制度、工作许可制度、工作监护制度、工作间断、转移和终结制度
3	试验现场应装设遮栏或围栏,悬挂"止步,高压危险!"的标志牌,并有专人监护,严禁非试验人员进入试验场地
4	为保证人身和设备安全,在进行绝缘电阻测量后应对试品充分放电
5	在现场进行试验工作时,根据带电设备的电压等级,试验人员应注意保持与带电体的安全距离不应小于《电力安全工作规程》中规定的距离
6	试验器具的金属外壳应可靠接地,试验仪器与设备的接线应牢固可靠
7	工作中需使用梯子等登高工具时,应做好防止瓷件损坏和人身高空摔跌的安全措施
8	试验装置的电源开关,应使用具有明显断开点的双极刀闸,并有可靠的过载保护装置
9	开始试验前,负责人应对全体试验人员详细说明在试验区应注意的安全注意事项
10	试验过程应有人监护并呼唱,试验人员在试验过程中注意力应高度集中,防止异常情况的发生。当出现异常情况时,应立即停止试验,查明原因后,方可继续试验
11	变更接线或试验结束时,应首先将加压设备的调压器回零,然后断开电源侧刀闸,并在试品和加压设备的输出端放电接地
12	试验结束后,试验人员应拆除试验临时接地线,并对被试设备进行检查和清理现场

2.6.4 试验程序

（1）开工

序 号	内 容
1	作业负责人全面检查现场安全措施是否与工作票一致,是否与现场设备相符
2	作业负责人向工作人员交代作业任务、安全措施和注意事项,明确作业范围

（2）试验项目和操作标准

序 号	试验项目	试验方法	安全措施及注意事项	试验标准
1	测量绝缘电阻	1.用兆欧表测量避雷器两极绝缘电阻,1 min,记录绝缘电阻值 2.用接地线对避雷器两极充分放电	测量后对试品充分放电	1.35 kV 以上,绝缘电阻不低于2 500 MΩ 2.35 kV 及以下,绝缘电阻不低于1 000 MΩ
2	直流 1 mA 电压 $U_{1\,mA}$ 及 0.75 $U_{1\,mA}$ 下的泄漏电流测量	1.将避雷器瓷套表面擦拭干净 2.采用高压直流发生器进行试验,泄漏电流应该在高压侧读表,测量电流的导线应使用屏蔽线 3.升压,在直流泄漏电流超过 200 μA 时,此时电压升高一点,电流将会急剧增大,此时应放慢升压速度,在电流达到 1 mA 时,读取电压值,此即为直流参考电压 $U_{1\,mA}$ 4.然后将电压降低到0.75倍 $U_{1\,mA}$ 下读取通过避雷器的电流值,此即为0.75倍直流参考电压下的测量泄漏电流 5.降压至零,断开试验电源 6.待电压表指示基本为零时,用放电杆对避雷器放电,挂接地线,拆试验接线	1.测量后应对试品充分放电 2.升压时应呼唱 3.测量时应记录环境温度,阀片的温度系数一般为0.05%～0.17%,即温度升高 10 ℃,直流 1 mA 电压约降低1%,必要时应进行换算,以免出现误判断	1.直流 1 mA 电压试验值不应该低于 GB/T 11032—2020 中的规定数值,与产品出厂值相比较,变化不应该大于±5% 2.0.75 $U_{1\,mA}$ 下的泄漏电流不得大于 50 μA

注:氧化锌避雷器的直流试验能以准确可靠的数据有效地发现避雷器贯穿性的受潮脏污劣化或瓷质绝缘的裂纹及局部松散断裂等绝缘缺陷。其主要是测量直流 1 mA 电压 $U_{1\,mA}$ 及 0.75 $U_{1\,mA}$ 下的泄漏电流,$U_{1\,mA}$ 又称称标称直流电压、参考电压、最小参考电压、临界动作电压、起始动作电压等,它是氧化锌避雷器的一个重要参数,它反映氧化锌避雷器由小电流工作区到大电流工作区的分界点。该电压还能直接反映避雷器承受短时过电压和系统额定电压的运行能力,可检查避雷器的保护特性、装配质量和老化程度。

（3）原始记录与正式报告

序　号	内　容
1	原始记录的填写要字迹清晰、完整、准确，不得随意涂改、不得留有空白
2	当记录表格出现某些"表格"确认无数据记录时，可用"/"表示此格无数据
3	若确属笔误，出现记录错误时，允许用"单线划改"，并要求更改者在更改旁边签名
4	原始记录及试验报告应按规定存档

（4）竣工

序　号	内　容
1	拆除试验临时电源接线
2	检查被试设备上无遗留工器具和试验用导线
3	将被试设备的一、二次接线恢复正常
4	清点工具，清理试验现场，拆除安全围栏
5	向运行人员报告被试设备试验结果
6	办理工作票终结手续

2.6.5　无间隙金属氧化物避雷器试验标准化作业卡

变电站名		设备编号		
试验时间		试验人员		
项　目	内　容			√
试验准备	1.根据试验作业指导书明确试验内容，熟悉试验项目			
	2.根据试验作业指导书准备试验仪器仪表及工具			
	3.危险点分析：根据试验任务、试验现场环境等条件，共同分析提出此次试验存在的危险点，并采取相应措施进行控制			
	4.根据现场工作时间和工作内容正确填写工作票			
试验过程	1.根据作业指导书进行试验开工交代			
	2.根据试验性质确定试验项目，按照作业指导书的试验程序及操作标准进行试验			
	3.按照作业指导书要求填写试验记录			
试验终结	1.按照作业指导书竣工要求进行检查			
	2.指挥工作人员清理作业现场并撤离工作现场			

2.6.6 无间隙金属氧化物避雷器定期试验原始记录

运行地点		运行编号	
试验日期		试验负责人	
环境温度		环境湿度	
绝缘电阻和直流参考电压试验			
编　　号	$U_{1\,\text{mA}}/\text{kV}$	$I_{0.75\,U_{1\,\text{mA}}}/\mu\text{A}$	绝缘电阻/MΩ

項目 **3**
介质损失角正切值测量

任务 3.1 介质损失角正切值测量原理学习

图 3.1 为在交流电压作用下绝缘的等值电路图。由图 3.1 可知,流过介质的电流由两部分组成,即通过 C_x 的电容电流分量 I_{C_x},通过 R_x 的有功分量 I_{R_x}。通常 $I_{C_x} \gg I_{R_x}$,介质损失角 δ 甚小。介质中的功率损耗为

$$P = UI_{R_x} = UI_{C_x} \tan \delta = U^2 \omega C \tan \delta \qquad (3.1)$$

$\tan \delta$ 为介质损失角正切值(或称介质损耗因数),一般均比较小。

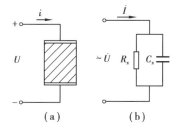

图 3.1 绝缘的等值电路图

通过测量 $\tan \delta$,可反映出绝缘的一系列缺陷,如绝缘受潮、油或浸渍物脏污或劣化变质、绝缘中有气隙放电等。这时,流过绝缘的电流中有功电流分量 I_{R_x} 增大了,$\tan \delta$ 也加大。需指出的是:绝缘中存在气隙这种缺陷,最好通过作 $\tan \delta$ 与外加电压的关系曲线 $\tan \delta = f(U)$ 来发现。例如,对于发电机线棒,如果绝缘老化、气隙较多,则 $\tan \delta = f(U)$ 将呈现明显的转折,从 $\tan \delta$ 增加的陡度可反映老化的程度。但对于变电设备来说,由于电桥电压(2 500~10 000 V)常远低于设备的工作电压,因此,$\tan \delta$ 测量虽可反映出绝缘受潮、油或浸渍物脏污、劣化变质等缺陷,但难以反映出绝缘内部的工作电压下局部放电性缺陷。

由于 $\tan \delta$ 是一项表示绝缘内功率损耗大小的参数,对于均匀介质,它实际上反映着单位体积介质内的介质损耗(简称"介损"),与绝缘的体积大小无关。这一点可以理解如下:在一定的绝缘工作场强下,可以近似地认为绝缘厚度正比于 U。当绝缘厚度一定时,绝缘面积越大,其电容量越大,I_{C_x} 也越大,故 I_{C_x} 正比于绝缘面积。因此近似地认为绝缘体积正比于 UI_{C_x}。由式(3.1)进一步可知,$\tan \delta$ 反映单位体积中的介质损耗。

如果绝缘内的缺陷不是分布性而是集中性的,则 $\tan \delta$ 有时反应就不灵敏。被试绝缘的

体积越大,或集中性缺陷所占的体积越小,那么,集中性缺陷处的介质损耗占被试绝缘全部介质损耗中的比重就越小,而 I_{C_x} 一般几乎是不变的,故由式(3.1)可知,$\tan\delta$ 增加得也越少,这样,测 $\tan\delta$ 法就不灵敏。对于像电机、电缆这类电气设备,由于运行中故障多为集中性缺陷发展所致,而且被试绝缘的体积较大,$\tan\delta$ 法效果就差了。因此,通常对运行中的电机、电缆等设备进行预防性试验时,便不做这项试验。相反,对于套管或互感器绝缘,$\tan\delta$ 试验就是一项必不可少而且是比较有效的试验。

在通过 $\tan\delta$ 值判断绝缘状况时,同样必须着重于与该设备历年的 $\tan\delta$ 值相比较以及和处于同样运行条件下的同类型设备相比较。即使 $\tan\delta$ 值未超过标准,但和过去比以及和同样运行条件的其他设备比,$\tan\delta$ 突然明显增大时,就必须进行处理,不然常常会在运行中发生事故。

任务 3.2　介质损失角正切值测量设备知识学习

传统的介质损失角正切值测量仪器主要有 QS-1 型西林电桥、M 型介质试验器。QS-1 型西林电桥曾经得到广泛使用,它属于平衡原理型电桥,其测量准确度较高,可重复性好,携带方便,但接线较复杂,调节困难,现已逐渐被淘汰。M 型介质试验器加压较低,不易发现设备存在的缺陷,且易受外界因素的影响,使用较少。

随着电子信息技术在自动化测试仪器中的广泛应用,全自动智能化的智能型介质损失角正切值测试仪也愈加成熟,并被普遍采用。智能型介质损失角正切值测试仪接线简单、抗干扰能力强、数据准确、操作方便、试验速度快,已成为现场测量设备介质损失角正切值的主流仪器。本实训基地采用设备为武汉特试特公司生产的全自动抗干扰介损测试仪。

3.2.1　QS-1A 型交流电桥

(1)结构及工作原理

QS-1A 型交流电桥,是 QS-1 型交流电桥的改进型。该电桥系用较先进的电子技术,加装了光电隔离的指针式指零仪的抗干扰电路,使电桥能在强电场的环境条件下准确测量。

QS-1A 型交流电桥面板如图 3.2 所示。

电桥的原理图如图 3.3 所示。

桥的第一臂为标准电容器 C_N,桥的第三臂为可变电阻 R_3,桥的第四臂由固定电阻 $R_4 = \dfrac{10\ 000}{\pi} = 3\ 184\ \Omega$ 与电容箱 C_4 并联后组成。平衡指示器为放大式检流计。

当电桥平衡时,检流计 G 中无电流流过,此时满足下列关系:

图 3.2　QS-1A 型交流电桥面板

$$C_x = C_N \frac{R_4}{R_3} \qquad (3.2)$$

$$\tan \delta = \omega R_4 C_4 \cdot 10^{-6} = C_4 \qquad (3.3)$$

式中，C_4 以 μF 计，所有公式都适用于试品的串联等值电路。由此可知，要使电桥平衡，只需调节 C_4 和 R_3 即可。

（2）**试验接线及测试方法**

①将电桥外壳接地。

②根据需要采取图 3.4 或图 3.5 的接线方式。

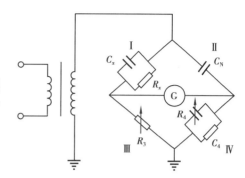

图 3.3　QS-1A 型交流电桥原理图

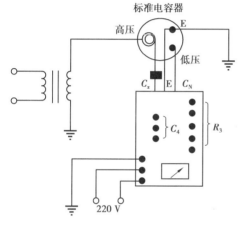

图 3.4　正接法

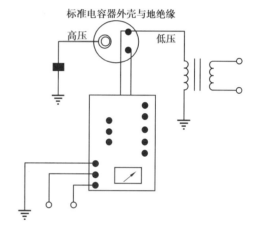

图 3.5　反接法（标注同上）

其中，图 3.4 为正接线，适用于被试品的两极对地都绝缘，如测量变压器高低压线圈间的 $\tan \delta$；图 3.5 为反接线，适用于被试品只有一端对地绝缘的情况，如测量变压器、互感器线圈对地的 $\tan \delta$。

③确知安全措施完好，接线正确后，均匀加以许可的实验电压。将抗干扰电源开关置于"断"的位置。

④根据被试品的电容量，正确选择可调电阻 R_3 的分流器和 R_4 的切换开关，选择方法见表 3.1。

表 3.1　R_3 分流器转换开关旋钮位置

旋钮位置（最大允许电流/A）	1.25	0.15	0.06	0.025	0.01
10 kV 试品电容/μF	0.4	0.048	0.019 4	0.008	0.003

⑤顺时针逐步调节"灵敏度调节"旋钮，使仪器指针在 1/3～1/2 全量程内，并反复调节 R_3 与 C_4，使仪表指示最小（并非全部为零），直至"灵敏度调节"旋钮调至最大值。微安表量程的 90% 左右采取了限幅保护，使用中并非"卡死"现象。

⑥记录 R_3 及滑线电阻 ρ 之值、C_4 电容量值，分流器旋钮位置，极性转换开关与电源转换开关位置。

⑦降低平衡指示器灵敏度后,把极性开关+tan δ转换至另一位置,校正电桥的调整装置并记录所得的结果。

⑧把灵敏度开关调在"断"的位置,把电源开关调至另一位置,即将电源反相。此后重新逐步用灵敏度转换开关提高平衡指示器的灵敏度,同时进行在平衡指示器两个相反的极性时的测量工作,记录两种测试结果。

在电源极性倒换时,必须将试验电压降至零,然后倒换,再将电压逐步升高。

⑨完成上述4项测量,把灵敏度开关转至"断",极性开关转至中间,降低并切除试验电压,高压部分短路接地充分放电后,方可着手必要的转接。将测量结果整理入表3.2和表3.3。

表3.2 正接线测量结果

分流器挡位:	正接线			
+tan δ	接通 I	接通 II	倒相前	倒相后
$R_3+\rho$				
C_4				
tan δ				
C_x				

表3.3 反接线测量结果

分流器挡位:	反接线			
+tan δ	接通 I	接通 II	倒相前	倒相后
$R_3+\rho$				
C_4				
tan δ				
C_x				

每次测定所得的试件电容按式(3.4)计算:

当分流器转换开关的位置为0.01 A时:

$$C_x = C_N \frac{R_4}{R_3 + \rho} \tag{3.4}$$

当分流器转换开关在其他位置时:

$$C_x = C_N \frac{R_4(100 + R_3)}{n(R_3 + \rho)} \tag{3.5}$$

式中 ρ——滑线电阻值;

n——取值见表3.4。

表3.4 分流电阻 n 取值

转换开关旋钮位置	0.025	0.06	0.15	1.25	0.01
分流电阻 n	60	25	10	4	$100+R_3$

C_x 所用电容量单位同 C_N。试品实际电容量 C_x 和介损角正切值 $\tan\delta$ 由 4 次测定的结果求平均值得到。

（3）**使用注意事项**

①电桥外壳必须可靠接地。

②仪器安放需保证人身安全距离，靠近被试设备时使用，尽量远离周围磁场的干扰。

③测试完毕后或需触及高压端件时，须切断高压电源并用接地棒将设备接地放电以保障人身安全。

④实际测量中，被试品上有强电磁场影响使电桥不能平衡或出现负值时，应将抗干扰电源功能开关 S_3 倒向"通"的位置。

3.2.2　TE2000 抗干扰介质损耗测试仪

（1）**产品介绍**

1）主机结构形式与尺寸

①形式：一体化便携式。

②外形尺寸：长 390 mm×宽 290 mm×高 320 mm。

③质量：20 kg。

2）使用电源

①电压：AC 220 V±10%。

②频率：（50±1）Hz。

3）使用环境温度

①环境温度：-10～40 ℃。

②相对湿度：≤80%。

4）测试工作方式

①正接法。

②反接法。

③抗干扰正接法。

④抗干扰反接法。

5）输出功率

①内部高压最大容量：1.5 kV·A。

②输出最大电流：150 mA。

6）测量范围

①介损测量范围：0～50%。

②电容测量范围：0～40 000 pF（10 kV）、0～0.1 μF（<5 kV）。

7）电压输出

电压输出范围：1，1.5，2，2.5，3，5，7.5，10 kV。

8）内部结构

仪器将升压与测量装置安装在一个机箱内,仪器内部具有高压输出电压达 10 kV 的升压变压器,还安装有标准高压电容器,使用时无需任何外部设备,便于携带到试验现场使用;双层整体屏蔽机架结构,能有效消除外界电磁干扰,也能消除杂散电容的影响。

9）原理框图

TE2000 抗干扰介质损耗测试仪原理框图如图 3.6 所示。

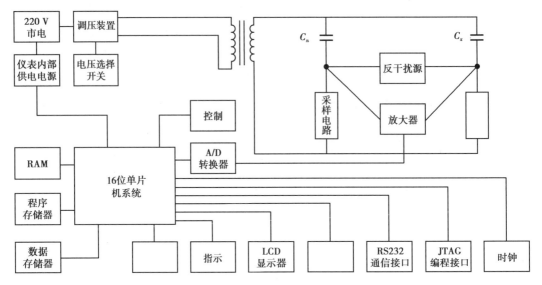

图 3.6 TE2000 抗干扰介质损耗测试仪原理框图

10）工作原理

仪器内部包括一路标准测量回路和一路被试测量回路。标准回路由内置高稳定度标准电容器与采样电路组成,被试回路由被试品和采样电路组成。由 16 位单片机运用计算机数字化实时采集方法,对数以万计的采样数据按电工学原理处理后进行矢量运算,分别测出标准回路电流与被试回路电流的幅值及相位关系,并由之计算出试品的电容值(C_x)和介质损耗角正切($\tan\delta$),测量结果可靠。

11）反干扰源工作原理

现场有干扰时,仪器测出干扰信号的幅值和相位,然后建立一个和干扰信号幅值相同、相位相反的“反干扰源”,与测量电流叠加,分离出真正的测量电流 I_x,然后再进行测试,得到正确的测量结果。

12）面板示意图

TE2000 抗干扰介质损耗测试仪面板示意图如图 3.7 所示。

13）各部件说明

①打印机:前换纸型中文打印机,用于测试数据的记录。

②通信接口:用于与笔记本电脑进行数据通信,在线编程。

③正接法接线图:试品不接地情况下,一般选用正接法测试。

④反接法接线图:试品一端接地情况下,一般采用反接法测试。

⑤高压指示灯:红灯亮,表示有高压输出。

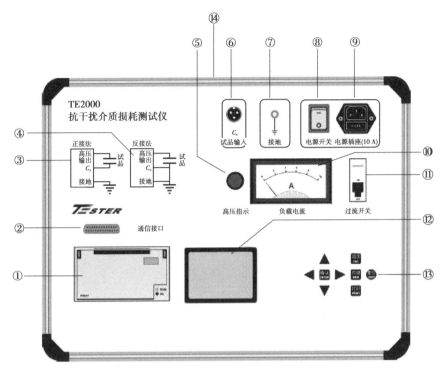

图 3.7　TE2000 抗干扰介质损耗测试仪面板示意图

⑥试品输入端 C_x：使用时应根据不同的试品类型及被试品的部位连接，一般接试品的低压端。

⑦接地柱：为保障操作者的安全及仪器正常工作，使用前应将该端子可靠接地。

⑧电源开关：闭合该开关，仪器电源接通。在闭合此开关前应选好测试电压，并将过流开关置于"OFF"。

⑨电源插座：接 220 V 市电，该插座内含保险丝盒，本仪器安装 10 A 保险丝。

⑩电流表：仪器工作电流指示，升高压时，监视该表，能观察是否有放电、接触不良等故障。

⑪过流开关：将过流开关置于"OFF"时，将断开升压回路。升压时，如发生短路、过载，该开关将自动保护至"OFF"位置。

⑫中文液晶显示器：以中文方式显示菜单及测试结果。

⑬按键：详见按键说明。

⑭高压输出端 HV：输出 0~10 kV 高压，与该端相连的电缆应为高压屏蔽电缆。其实际面板如图 3.8 所示。

14）按键说明

▲　▼　◀　▶　　光标的上下、左右移动键及数字的加减。

确认 ENTER　　确认选择内容。

退出 ESC　　退出当前菜单。

存储 MEM　　存储所测量的数量。

打印 PRINT　　打印出测量的数据。

复位 RESET　　复位到开机状态。

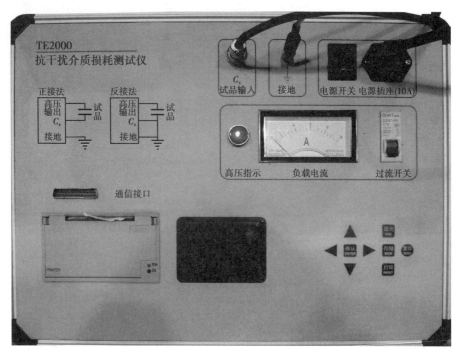

图 3.8　TE2000 抗干扰介质损耗测试仪实际面板

15）液晶显示器页面说明

①开机页面，如图 3.9 所示。

a.此页面最下面一行显示为系统当前的日期和时间，该日期和时间可被修改。

b.按"确认"键进入主菜单。

②主菜单，如图 3.10 所示。

图 3.9　TE2000 抗干扰介质损耗
测试仪开机页面

图 3.10　TE2000 抗干扰介质损耗
测试仪主菜单

a.按上、下键，光标上下移动。

b.按左、右键，更改光标位置的菜单项内容。

c.光标停在"正接法"位置时，菜单内容可被改为"正接法""反接法""抗干扰正接法""抗干扰反接法"。

d.光标停在"开始测试"位置时，菜单内容可被改为"开始测试""数据读取""日期设置""时间设置"。

e.按"确认"键即可进行测试。

③测试数据显示页。当测试过程完成后，液晶显示页面如图 3.11 所示。

a.按"打印"键,打印出当前测试数据。

b.按"存储"键,将当前测试数据存储。

c.按"复位"键,返回到开机页面。

d.按"退出"键,返回到主菜单。

④数据存储及读取页。在测试数据显示页中,按"存储"键,液晶显示数据存储页面如图3.12 所示。

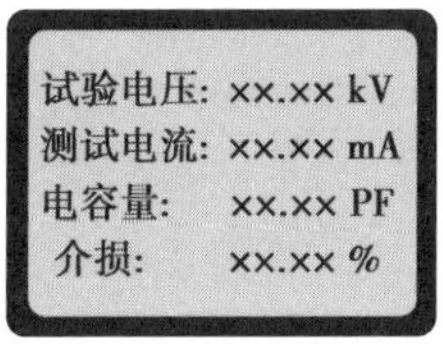

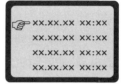

图 3.11　TE2000 抗干扰介质损耗
测试仪测试结果显示页面

图 3.12　TE2000 抗干扰介质损耗
测试仪数据存储页面

a.按上、下键,选择存储或读取的位置,可自动换页。

b.按"确认"键,确认存储或读取的位置。

c.按"复位"键,返回到开机页面。

d.按"退出"键,返回到主菜单。

⑤日期、时间修改页。在主菜单中,光标停在"开始测试"位置时,将菜单内容改为"日期设置",按"确认"键,液晶显示日期修改页面如图 3.13 所示。

a.按左、右键,光标左右移动。

b.按上、下键,设置日期数据。

c.按"确认"键,确认所设置数据。

d.按"退出"键,返回到主菜单。

16)液晶显示器时间设置

在主菜单中,光标停在"开始测试"位置时,将菜单内容改为"时间设置",按"确认"键,液晶显示时间修改页面,如图 3.14 所示。

图 3.13　TE2000 抗干扰介质损耗
测试仪日期修改页面

图 3.14　TE2000 抗干扰介质损耗
测试仪时间修改页面

①按左、右键,光标左右移动。

②按上、下键,设置时间数据。

③按"确认"键,确认所设置数据。

④按"退出"键,返回到主菜单。

17）调节液晶显示器的对比度

由于环境的变化，可能需要调节液晶显示器的对比度。

①增强对比度：先按"存储"键不放，再按上箭头键，对比度增强。

②减小对比度：先按"存储"键不放，再按下箭头键，对比度减弱。

18）更换打印纸

本仪器选用前换纸型打印机，不需拆机就可换纸，使用十分方便。

①打开打印机前盖板。

②用手捏紧打印机内的纸轴，将其取出。

③装上打印纸，重新将纸轴装在打印机上。

④打开仪器电源，使打印机通电。

⑤按打印机上的"S/L"键，使"POW"指示灯熄灭，此时机头开始走动。用手将纸送入机头入口处，这时纸便徐徐进入机头，直至从机头上露出。

⑥待纸走出一定长度后，再按一下"S/L"键，打印机停止工作。

⑦盖上打印机前盖板。

19）更换保险丝

在电源插座下方有一个保险丝盒，用平口起子将该保险盒往上拉即可更换保险丝。保险丝规格为 10 A。

（2）**测试方法**

1）接线准备

①将接地线一端夹在地网上，一端可靠地接在面板的接地端子上。

注意：地网的接地点应具有良好的导电性，否则会影响测量的正确性，甚至危及人身安全。

②将测量线插头插入面板的"试品输入 C_x"插座并锁紧。

③将高压电缆头的一端插入箱体后部的高压插座内并锁紧。

注意：锁紧及拆卸时不要旋转高压插头，插头的白色绝缘部分应保持干燥清洁。

④将测量线的鳄鱼夹按需夹在试品的信号端上并保证接触良好。

⑤将高压线的大鳄鱼夹夹在试品的加压端，并保证接触良好。

⑥将电源开关置于"OFF"，过流开关置于"OFF"。

⑦插上电源插头。

2）测试步骤

①合上电源开关，仪器显示开机页面，将过流开关置于"ON"。

②按"确认"键，进入主菜单。

③根据需要选择适当的测试方式。

④按"确认"键，开始测试。

注意：观察负载电流表，一旦发生异常应立即将过流开关置于"OFF"并关机检查。

⑤等待 10~20 s，测试完成，仪器显示测试结果。

3）试验结束后清理现场

①将过流开关置于"OFF"。

②关闭电源开关,拔下电源线。

③将高压输出线、测量线、屏蔽线拆除并收好,方便下次使用。

④拆除接地线,并整理好。

任务 3.3　配电变压器绕组连同套管的介损测量

3.3.1　试验目的

①学习高电压测量高压设备绝缘介质损失角正切值与其电容量。

②熟悉全自动抗干扰介损测试仪的试验接线和测试方法。

3.3.2　试验内容

测量 10 kV 配电变压器的介损和电容。

3.3.3　试验设备

①温、湿度计各一支。

②全自动抗干扰介损测试仪一台。

③TE8674 绝缘电阻测试仪。

④导线、地线若干根。

⑤放电棒一支。

3.3.4　试验方法

(1)常规测量方法

其接线如图 3.15 所示。表 3.5 所示为介损常规测量方法表。

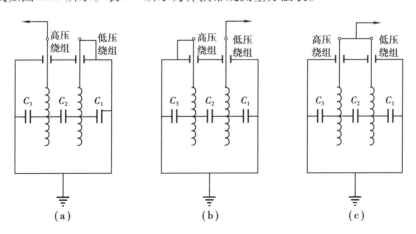

图 3.15　双绕组变压器介损常规测量接线

表 3.5　介损常规测量方法表

试 品	试验方法	试验电压/kV	高压输出	测量端 C_x	屏 蔽	接 地
C_2+C_3	反接法	10	高压线圈	低压线圈及地		外壳
C_1+C_2	反接法	1	低压线圈	高压线圈及地		外壳
C_1+C_3	反接法	1	高压线圈 低压线圈	地		外壳

按图 3.15(a)接线进行测量时,可测得变压器高压绕组对低压绕组及地的 $\tan\delta_h$、C_h 为

$$C_h = C_2 + C_3 \tag{3.6}$$

$$\tan\delta_h = \frac{C_2\tan\delta_2 + C_3\tan\delta_3}{C_2 + C_3} \tag{3.7}$$

同理,按图 3.15(b)可测得低压绕组对高压绕组及地的 $\tan\delta_b$、C_b 为

$$C_b = C_1 + C_2 \tag{3.8}$$

$$\tan\delta_b = \frac{C_1\tan\delta_1 + C_2\tan\delta_2}{C_1 + C_2} \tag{3.9}$$

按图 3.15(c)可测得高压绕组加低压绕组对地的 $\tan\delta_{h+b}$、C_{h+b} 为

$$C_{h+b} = C_1 + C_3 \tag{3.10}$$

$$\tan\delta_{h+b} = \frac{C_1\tan\delta_1 + C_3\tan\delta_3}{C_1 + C_3} \tag{3.11}$$

根据实测得到的 $\tan\delta_h$、C_h,$\tan\delta_b$、C_b,$\tan\delta_{h+b}$、C_{h+b},即可求得绕组对地之间的电容 C_1、C_3,绕组之间的电容 C_2 相应的 $\tan\delta_1$、$\tan\delta_2$、$\tan\delta_3$ 值。根据式(3.6)、式(3.8)和式(3.10)可得

$$\left. \begin{aligned} C_1 &= \frac{C_b - C_h + C_{h+b}}{2} \\ C_2 &= \frac{C_b + C_h - C_{h+b}}{2} \\ C_3 &= \frac{C_h - C_b + C_{h+b}}{2} \end{aligned} \right\} \tag{3.12}$$

根据式(3.7)、式(3.9)和式(3.11)可得

$$\left. \begin{aligned} \tan\delta_1 &= \frac{C_b\tan\delta_b + C_{h+b}\tan\delta_{h+b} - C_h\tan\delta_h}{2C_1} \\ \tan\delta_2 &= \frac{C_h\tan\delta_h + C_b\tan\delta_b - C_{h+b}\tan\delta_{h+b}}{2C_2} \\ \tan\delta_3 &= \frac{C_{h+b}\tan\delta_{h+b} + C_h\tan\delta_h - C_b\tan\delta_b}{2C_3} \end{aligned} \right\} \tag{3.13}$$

(2)测试仪厂家推荐方法

双绕组变压器介损厂家推荐测量接线如图 3.16 所示。表 3.6 所示为厂家推荐测量方法表。

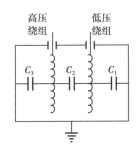

图 3.16　双绕组变压器介损厂家推荐测量接线

表 3.6　厂家推荐测量方法表

试　品	试验方法	试验电压/kV	高压输出	测量端	屏　蔽	接　地
C_1	反接法	1	低压线圈	地	高压线圈	外壳
C_2	正接法	10	高压线圈	低压线圈	—	外壳
C_3	反接法	10	高压线圈	地	低压线圈	外壳

3.3.5　试验步骤

①进行危险点分析,布置好安全措施。

②用绝缘电阻测试仪分别测试变压器高压绕组对低压绕组及地、低压绕组对高压绕组及地的绝缘电阻值,若绝缘电阻值合格,才能进行下列操作,否则,终止试验。

③将接地线一端夹在地网上,一端可靠地接于面板的接地端子上。

④将测量线插头插入面板的"试品输入 C_x"插座并锁紧。

⑤将高压电缆头的一端插入箱体后部的高压插座内并锁紧。

⑥将测量线的鳄鱼夹按接线要求夹在试品的信号端上并保证接触良好。

⑦将高压线的大鳄鱼夹夹在试品的加压端,并保证接触良好。

⑧将电源开关置于"OFF",过流开关置于"OFF"。

⑨插上电源插头。

⑩合上电源开关,仪器显示开机页面,将过流开关置于"ON"。

⑪按"确认"键,进入主菜单。

⑫根据需要选择适当的测试方式。

⑬按"确认"键,开始测试。

⑭等待 10~20 s,测试完成,仪器显示测试结果。

⑮试验结束后应对被试品放电。

⑯做好试验结束后的设备清点、归位等工作,做好场地清理。

3.3.6 试验记录

（1）测量仪器（表3.7）

表3.7 测量仪器记录表

仪器名称	型号/规格	仪器编号

（2）测量环境及人员（表3.8）

表3.8 测量环境及人员记录表

试验日期	
环境温度	
环境湿度	
工作负责人	
试验人员	

（3）试验数据记录

1）常规法测量结果

常规法测量结果记录表，见表3.9。

表3.9 常规法测量结果记录表

试品	试验方法	高压输出	测量端	屏蔽	接地	介损/%	电容/pF
C_2+C_3	反接法	高压线圈	低压线圈及地		外壳		
C_1+C_2	反接法	低压线圈	高压线圈及地		外壳		
C_1+C_3	反接法	高压线圈 低压线圈	地		外壳		

2）厂家推荐法测量结果

厂家推荐法测量结果记录表，见表3.10。

表3.10 厂家推荐法测量结果记录表

试品	试验方法	高压输出	测量端	屏蔽	接地	介损/%	电容/pF
C_1	反接法	低压线圈	地	高压线圈	外壳		
C_2	正接法	高压线圈	低压线圈		外壳		
C_3	反接法	高压线圈	地	低压线圈	外壳		

3.3.7 试验结果判断

油浸变压器在 20 ℃的 $\tan \delta$ 不大于下列数值:

35 kV 及以下	1.5%
66~220 kV	0.8%
330~500 kV	0.6%

当测量时的温度与产品出厂试验温度不相符时,可按表 3.11 换算到同一温度时的数值进行比较。

表 3.11 介质损耗角正切值 $\tan \delta$(%)温度换算系数

温度差 K	5	10	15	20	25	30	35	40	45	50
换算系数 A	1.15	1.3	1.5	1.7	1.9	2.2	2.5	2.9	3.3	3.7

注:①K 为实测温度减去 20 ℃的绝对值;

②测量温度以上层油温为准;

③进行较大的温度换算且试验结果超过第二款规定时,应进行综合分析判断。

当测量时的温度差不是表中所列数值时,其换算系数 A 可用线性插入法确定,也可按下述公式计算:

$$A = 1.3^{K/10} \tag{3.14}$$

校正到 20 ℃时的介质损耗角正切值可用下述公式计算:

当测量温度在 20 ℃以上时,

$$\tan \delta_{20} = \tan \delta_t / A \tag{3.15}$$

当测量温度在 20 ℃以下时,

$$\tan \delta_{20} = A \tan \delta_t \tag{3.16}$$

式中 $\tan \delta_{20}$——校正到 20 ℃时的介质损耗角正切值;

$\tan \delta_t$——在测量温度下的介质损耗角正切值。

另外,$\tan \delta$ 值与历年数值比较不应有显著变化(一般不大于30%)。

3.3.8 试验结论(略)

任务 3.4 10 kV 电压互感器介损测量

电压互感器分为电磁式电压互感器和电容式电压互感器,电磁式电压互感器按其绝缘特点又分为全绝缘和分级绝缘两类。不同形式的电压互感器,试验方法和要求各不相同。

3.4.1 试验目的

①学习测量高压设备绝缘介质损耗角正切值 $\tan \delta$ 与其电容量。

②熟悉全自动抗干扰介损测试仪的试验接线和测试方法。

3.4.2　试验内容

测量 10 kV 电压互感器的介损和电容。

3.4.3　试验设备

①温、湿度计各一支；
②全自动抗干扰介损测试仪（TE2000）一台；
③TE3674 绝缘电阻测试仪一台；
④导线、地线若干根；
⑤放电棒一支。

3.4.4　试验接线

10 kV 电压互感器属于电磁式全绝缘电压互感器，用 TE2000 介损测试仪进行测量的试验接线图如图 3.17 所示。

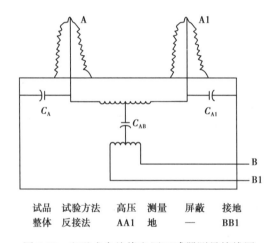

试品	试验方法	高压	测量	屏蔽	接地
整体	反接法	AA1	地	—	BB1

图 3.17　电磁式全绝缘电压互感器测量接线图

试验时，高压绕组首端 A 和末端 A1 要短接并接测试仪高压输出，低压绕组首端 B 和末端 B1 也要短接并接测试仪测量端 C_x。

3.4.5　试验步骤

①进行危险点分析，布置好安全措施。
②用绝缘电阻测试仪测试互感器一次绕组对二次绕组及地的绝缘电阻值，若绝缘电阻值合格，才能进行下列操作；否则，终止试验。
③将接地线一端夹在地网上，一端可靠地接于面板的接地端子上。
④将测量线插头插入面板的"试品输入 C_x"插座并锁紧。
⑤将高压电缆头的一端插入箱体后部的高压插座内并锁紧。
⑥将测量线的鳄鱼夹按接线要求夹在试品的信号端上并保证接触良好。
⑦将高压线的大鳄鱼夹夹在试品的加压端，并保证接触良好。

⑧将电源开关置于"OFF",过流开关置于"OFF"。

⑨插上电源插头。

⑩合上电源开关,仪器显示开机页面,将过流开关置于"ON"。

⑪按"确认"键,进入主菜单。

⑫根据需要选择适当的测试方式。

⑬按"确认"键,开始测试。

⑭等待 10~20 s,测试完成,仪器显示测试结果。

⑮试验结束后应对被试品放电。

⑯做好试验结束后的设备清点、归位等工作,做好场地清理。

3.4.6 试验记录

（1）测量仪器（表 3.12）

表 3.12 测量仪器记录表

仪器名称	型号/规格	仪器编号

（2）测量环境及人员（表 3.13）

表 3.13 测量环境及人员记录表

试验日期	
环境温度	
环境湿度	
工作负责人	
试验人员	

（3）试验数据记录（表 3.14）

表 3.14 试验数据记录表

试验电压/kV	一次绕组介损 $\tan \delta$	电容/pF

3.4.7　试验结果判断

互感器 $\tan\delta$ 限值见表 3.15。

表 3.15　互感器 $\tan\delta$ 限值

种类	额定电压/kV			
	20~35	66~110	220	330~500
油浸式电流互感器	2.5%	0.8%	0.6%	0.5%
充硅脂及其他干式电流互感器	0.5%	0.5%	0.5%	—
油浸式电压互感器绕组	3%	2.5%		—
串级式电压互感器支架	—	6%		—
油浸式电流互感器末屏	—	2%		

注:表中数据为最大值。

3.4.8　试验结论(略)

任务 3.5　35 kV 氧化锌避雷器介损测量

氧化锌避雷器在运行过程当中由于缺陷的存在,会导致其击穿电压降低,影响电力系统的运行温度,因此必须定期进行绝缘测试,掌握其绝缘发展变化情况。

3.5.1　试验目的

①学习测量高压设备绝缘介质损失角正切 $\tan\delta$ 与其电容量。
②熟悉全自动抗干扰介损测试仪的试验接线和测试方法。

3.5.2　试验内容

测量 35 kV 氧化锌避雷器的介损和电容。

3.5.3　试验设备

①温、湿度计各一支。
②全自动抗干扰介损测试仪(TE2000)一台。
③TE3674 绝缘电阻测试仪一台。
④导线、地线若干根。
⑤放电棒一支。

3.5.4　试验接线

35 kV 氧化锌避雷器介损测量试验,用 TE2000 介损测试仪进行测量的试验接线图如图 3.18 所示。

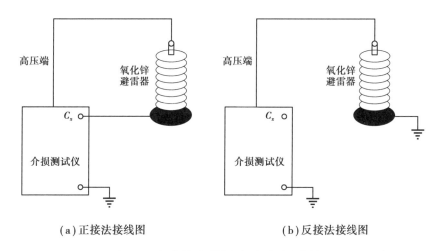

（a）正接法接线图　　　　　　　　　　　　（b）反接法接线图

图 3.18　氧化锌避雷器介损试验测量接线图

试验时,将氧化锌避雷器高压侧引出线部分接测试仪高压输出,避雷器法兰根据接线方式的不同(正接法、反接法)分别接到测试仪的 C_x 端和可靠接地。

3.5.5　试验步骤

①进行危险点分析,布置好安全措施。

②用绝缘电阻测试仪测试氧化锌避雷器的绝缘电阻值,若绝缘电阻值合格,才能进行下列操作;否则,终止试验。

③将接地线一端夹在地网上,一端可靠地接于面板的接地端子上。

④将测量线插头插入面板的"试品输入 C_x"插座并锁紧。

⑤将高压电缆头的一端插入箱体后部的高压插座内并锁紧。

⑥将测量线的鳄鱼夹按接线要求夹在试品的信号端上并保证接触良好。

⑦将高压线的大鳄鱼夹夹在试品的加压端,并保证接触良好。

⑧将电源开关置于"OFF",过流开关置于"OFF"。

⑨插上电源插头。

⑩合上电源开关,仪器显示开机页面,将过流开关置于"ON"。

⑪按"确认"键,进入主菜单。

⑫根据需要选择适当的测试方式。

⑬按"确认"键,开始测试。

⑭等待 10~20 s,测试完成,仪器显示测试结果。

⑮试验结束后应对被试品放电。

⑯做好试验结束后的设备清点、归位等工作,做好场地清理。

3.5.6 试验记录

(1)测量仪器(表 3.16)

表 3.16 测量仪器记录表

仪器名称	型号/规格	仪器编号

(2)测量环境及人员(表 3.17)

表 3.17 测量环境及人员记录表

试验日期	
环境温度	
环境湿度	
工作负责人	
试验人员	

(3)试验数据记录(表 3.18)

表 3.18 试验数据记录表

试验电压/kV	避雷器介损 $\tan\delta$	电容/pF

3.5.7 试验结果判断

①避雷器 $\tan\delta$ 值与试验规定值进行比较。

②避雷器 $\tan\delta$ 值与历年值进行比较,观察其发展趋势。

③比较同类设备的 $\tan\delta$ 值,对比分析是否有明显的差异。

3.5.8 试验结论(略)

任务 3.6　10 kV 电力电缆介损测量

按电压等级分类,电力电缆可分为中、低压电力电缆(35 kV 及以下)、高压电缆(110 kV 以上)、超高压电缆(275~800 kV)以及特高压电缆(1 000 kV 及以上)。此外,还可按电流制分为交流电缆和直流电缆。

3.6.1　试验目的

①学习测量高压设备绝缘介质损失角正切值 $\tan \delta$ 与其电容量。
②熟悉全自动抗干扰介损测试仪的试验接线和测试方法。

3.6.2　试验内容

测量 10 kV 电力电缆的介损和电容。

3.6.3　试验设备

①温、湿度计各一支。
②全自动抗干扰介损测试仪(TE2000)一台。
③TE3674 绝缘电阻测试仪一台。
④导线、地线若干根。
⑤放电棒一支。

3.6.4　试验接线

10 kV 电力电缆,用 TE2000 介损测试仪进行测量的试验接线图如图 3.19 所示。

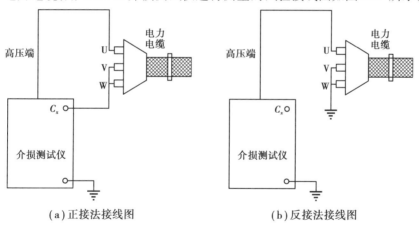

$$（a）正接法接线图 \qquad （b）反接法接线图$$

图 3.19　电力电缆介损测量接线图

对于三芯电缆,试验时将高压被测相接测试仪高压输出,非被测相短接。根据接线方式的不同(正接法、反接法)分别接测试仪测量端 C_x 和可靠接地。

3.6.5　试验步骤

①进行危险点分析,布置好安全措施。
②用绝缘电阻测试仪测试电力电缆各相对地的绝缘电阻值,若绝缘电阻值合格,才能进行下列操作;否则,终止试验。
③将接地线一端夹在地网上,一端可靠地接于面板的接地端子上。
④将测量线插头插入面板的"试品输入 C_x"插座并锁紧。
⑤将高压电缆头的一端插入箱体后部的高压插座内并锁紧。

⑥将测量线的鳄鱼夹按接线要求夹在试品的信号端上并保证接触良好。

⑦将高压线的大鳄鱼夹夹在试品的加压端,并保证接触良好。

⑧将电源开关置于"OFF",过流开关置于"OFF"。

⑨插上电源插头。

⑩合上电源开关,仪器显示开机页面,将过流开关置于"ON"。

⑪按"确认"键,进入主菜单。

⑫根据需要选择适当的测试方式。

⑬按"确认"键,开始测试。

⑭等待 10~20 s,测试完成,仪器显示测试结果。

⑮试验结束后应对被试品放电。

⑯做好试验结束后的设备清点、归位等工作,做好场地清理。

3.6.6　试验记录

(1)测量仪器(表 3.19)

表 3.19　测量仪器记录表

仪器名称	型号/规格	仪器编号

(2)测量环境及人员(表 3.20)

表 3.20　测量环境及人员记录表

试验日期	
环境温度	
环境湿度	
工作负责人	
试验人员	

(3)试验数据记录(表 3.21)

表 3.21　试验数据记录表

相别	试验电压/kV	介损 $\tan\delta$	电容/pF
U			
V			
W			

3.6.7   试验结果判断

电力电缆的预防性试验标准参见表 3.22。

表 3.22   电力电缆的预防性试验标准

试验项目	试验标准	试验项目	试验标准
绝缘电阻	芯对地>1 000 MΩ/km;护套对地>0.5 MΩ/km	不平衡率	<200%
泄漏电流	泄漏电流稳定、伏安特性近似于直线关系	弱点比	<5
极化比	>1.0	介质损耗 $\tan \delta$	<0.2%

3.6.8   试验结论（略）

项目 **4**

工频耐压试验

任务 4.1 工频耐压试验原理学习

电力设备的绝缘结构在运行中可能会受到以下 4 种电压。

(1) 工频工作电压

绝缘结构在其整个运行过程中,必须能长期连续地承受工频最高工作电压,通常称为系统最高运行相电压。

(2) 暂时过电压

暂时过电压包括习惯上所指的工频电压升高和谐振过电压。工频电压升高是空载线路的电容效应、甩负荷和不对称接地引起的,谐振过电压则起因于含铁芯的非线性电感元件所引起的铁磁效应或谐振,其幅值较高,持续时间较长,其频率可以是工频基波,也可以是高次或分次谐波。

(3) 操作过电压

操作过电压是电力系统中的断路器动作产生的。这种过电压的波形很不规则,情况不同时变化甚大,可以是衰减振荡波,也可以是非周期性电压的冲击波。我国电力系统的操作过电压倍数如下:35 kV 为 4.0 倍;110~220 kV 为 3.0 倍;330 kV 为 2.75 倍;500 kV 为 2.0 倍。

(4) 雷电过电压

雷电过电压是由雷云放电产生的,幅值很高,作用时间很短。雷电过电压往往造成电力设备的绝缘破坏,积极地预防雷电过电压是电力系统安全运行的保证。

总之,电力设备的绝缘结构必须能耐受以上 4 种电压,这就需要对绝缘裕度进行考验。而之前介绍的其他试验方法的试验电压往往都低于电力设备的工作电压,作为安全运行的保证还不够有力。工频耐压试验所采用的试验电压比运行电压高得多,所以它可准确地检验绝缘的裕度,能有效地发现较危险的集中性缺陷。但是工频耐压试验有一个重要缺点,即对固体有机绝缘,在较高的交流电压作用时,会使绝缘中一些弱点更加发展,这样,试验本身就会引起绝缘内部的累积效应,加速绝缘缺陷的发展。因此首先应在耐压试验之前先进行前面介绍的几种试验。在进行了绝缘电阻测量、介损测试等试验之后,要先对各项试验结果进行综合分析,看看该设备是否受潮或含有缺陷。如若存在问题,则需预先进行处理,待缺陷消除后方可进行耐压试验。其次恰当地选择合适的耐压试验电压值是一个重要问题。一般考虑到运行中绝缘的变化,耐压试验的电压值应取得比出厂试验电压低些,而且不同情况的设备应不同对待,这主要由运行经验确定。例如,在大修前发电机定子绕组的试验电压常取1.3~1.5 倍额定电压,对于运行 20 年以上的发电机,由于绝缘较老,可取 1.3 倍额定电压来做耐压试验,但对与架空线路有直接连接的运行 20 年以上的发电机,考虑到运行中大气过电压侵袭的可能性较大,为了安全,仍要求用 1.5 倍额定电压来做耐压试验。

绝缘的击穿电压值与加压持续时间有关,尤以有机绝缘特别明显,加压时间增加,则击穿电压下降。国家标准规定耐压时间 1 min,一方面,是为了便于观察被试品的情况,使有缺陷的绝缘来得及暴露(固体绝缘发生热击穿需要一定的时间);另一方面,不至于时间过长而引起不应有的绝缘损伤或击穿。若在 1 min 内不发生闪络或击穿损坏现象,则认为设备绝缘是合格的。

工频耐压试验时,被试品通常是容性负载,试验变压器的高压绕组就与被试品电容连接。这样,流过电容性负载的容性电流在试验变压器绕组阻抗上产生的电压降,将使试验变压器二次侧电压升高,即显著大于按照变比计算的二次侧电压,这种现象称为"容升效应"。因此,试验时,高压侧电压应直接测量。

工频耐压试验所需的试验电压可用两种方法产生:一种为试验变压器直接产生工频高压;另一种为利用串联谐振产生工频高电压。

进行耐压试验时对试验变压器的要求主要有两点:一是其高压绕组的额定电压应不小于被试品的试验电压值;二是额定容量应满足在被试品试验电压下流过被试品电容电流的要求,而且在被试品击穿或闪络后能短时地维持电弧。高压绝缘的被试品多为容性负荷,所需试验变压器的最小容量 S,可按下式确定:

$$S = 2\pi f C U_s^2 \times 10^{-3}$$

式中 U_s——被试品的试验电压,kV;

　　　C——被试品的电容,μF;

　　　f——电源的频率,Hz;

　　　S——试验变压器的容量,kV·A。

任务4.2 工频耐压试验设备知识学习

4.2.1 TE-DMC10 数显控制箱

参看项目2中任务2.3的介绍。

4.2.2 试验变压器

参看项目2中任务2.3的介绍。

4.2.3 水电阻

参看项目2中任务2.3的介绍。

4.2.4 TE-HPM 交直流高压测量系统

参看项目2中任务2.3的介绍。

任务4.3 支柱绝缘子工频耐压试验

4.3.1 试验目的

①掌握获得交流高压及测量交流高压的方法。
②掌握工频耐压试验的原理及方法。
③掌握判断工频耐压试验是否合格的方法。

4.3.2 试验内容

对支柱绝缘子进行工频耐压试验。

4.3.3 试验设备

①温、湿度计各一支。
②试验操作箱一台。
③50 kV 工频试验变压器一台。
④水电阻一个。
⑤交直流分压器一台。
⑥导线、地线若干根。
⑦放电棒一支。

4.3.4　试验接线

图 4.1 中 AV 为调压器,它集成在控制箱内;T 为试验变压器,用来升高输出电压;R_1 为保护电阻(可选水电阻),用来限制被试品突然击穿时,在试验变压器上产生的过电压以及限制流过试验变压器的短路电流,R_1 一般取 $0.1 \sim 1$ Ω/V;C_x 为被试品;电容 C_1、C_2 及电压表组成电容分压测量系统。

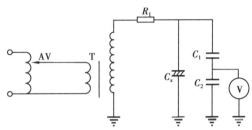

图 4.1　工频耐压试验接线图

4.3.5　试验步骤

①进行危险点分析,布置好安全措施。

②将支柱绝缘子表面用干净柔软的布擦拭干净。

③用绝缘电阻测试仪测试支柱绝缘子绝缘电阻,35 kV 及以下电压等级的支柱绝缘子的绝缘电阻值,不应低于 500 MΩ。

④按照试验接线图将试验设备正确连接。

⑤检查接线正确无误,试验现场做好安全措施;防止人员走动,避免误入高压现场;设置安全区域,派专人警戒。

⑥记录环境温度和湿度。

⑦试验中应指定专人进行操作,并有人监护,一切妥当后,准备升压。此时,试验负责人(各小组组长)大声发出命令,禁止现场人员随意走动,并宣布开始升压。升压必须从零开始,切不可冲击合闸。在 75% 试验电压以前,升压速度可以是任意的;自 75% 试验电压开始应均匀升压,速率约为每秒 2% 的试验电压。

⑧升压过程应密切监视高压回路,监听被试品有无异常声响;密切监视仪表读数,电压表、电流表都应无异常。升至试验电压(试验电压可参考 GB 50150—2016,学生在做试验时,只要求掌握方法,因此,为安全起见,试验电压最高为 30 kV)后,开始计时并读取试验电压,一分钟后,迅速均匀降低试验电压到零,然后切断电源。

⑨试验结束后对支柱绝缘子放电。

⑩耐压试验后应测量支柱绝缘子绝缘电阻,与耐压试验前比较应无明显变化。

⑪做好试验结束后的设备清点、归位等工作,做好场地清理。

4.3.6　注意事项

①在升压和耐压过程中,如发现电压表指示急剧增加,调压器往上升方向调节时,电流上升而电压基本不变甚至有下降趋势,被试品冒烟、出气、焦臭、闪络、燃烧或发出击穿响声(或

断续放电声),应立即停止升压,降压停电后查明原因。

如查明上述现象是绝缘部分出现的,则认为被试品工频电压试验不合格。如确定被试品的表面闪络是空气湿度或表面脏污等所致,应将被试品清洁干燥处理后,再进行试验。

②有时耐压试验进行了一段时间,中途因故失去电源,使试验中断,在查明原因恢复电源后,应重新进行全时间的持续耐压试验,不可仅仅进行"补足时间"的试验。

4.3.7　试验记录表格

(1)测量仪器(表4.1)

表4.1　测量仪器记录表

仪器名称	型号/规格	仪器编号

(2)测量环境及人员(表4.2)

表4.2　测量环境及人员记录表

试验日期	
环境温度	
环境湿度	
工作负责人	
试验人员	

(3)试验变压器铭牌(表4.3)

表4.3　试验变压器铭牌参数记录表

设备型号		额定容量	
低压绕组额定电压		低压绕组额定电流	
高压绕组额定电压		高压绕组额定电流	
制造日期		生产厂家	

(4)试验数据记录(表4.4)

表4.4　试验数据记录表

试验电压/kV	
耐压时间/s	

4.3.8　试验结论(略)

任务 4.4　配电变压器工频耐压试验

4.4.1　试验目的

①掌握获得交流高压及测量交流高压的方法。

②掌握工频耐压试验的原理及方法。

③掌握工频耐压试验是否合格的判断方法。

4.4.2　试验内容

对配电变压器进行工频耐压试验。

4.4.3　试验设备

①温、湿度计各一支。

②试验操作箱一台。

③50 kV 工频试验变压器一台。

④水电阻一个。

⑤交直流分压器一台。

⑥导线、地线若干根。

⑦放电棒一支。

4.4.4　试验接线

图 4.2 中 A、X 为工频电源输入,a、x 为低压输入端,E、F 为测量;T 为试验变压器,用来升高输出电压;将变压器高压侧短接,低压侧短接接地,变压器外壳接地。

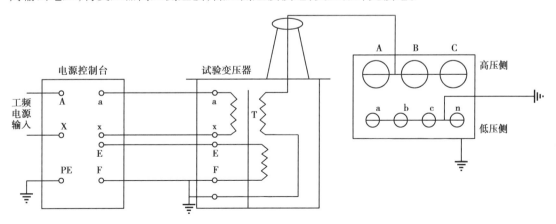

图 4.2　配电变压器工频耐压试验接线图

4.4.5　试验步骤

①进行危险点分析,布置好安全措施。

②将变压器表面用干净柔软的布擦拭干净。

③用绝缘电阻测试仪测试变压器绝缘电阻,10 kV 电压等级的变压器的绝缘电阻值,不应低于 300 MΩ。

④按照试验接线图将试验设备正确连接。

⑤检查接线正确无误,试验现场做好安全措施;防止人员走动,避免误入高压现场;设置安全区域,派专人警戒。

⑥记录环境温度和湿度。

⑦试验中应指定专人进行操作,并有人监护,一切妥当后,准备升压。此时,试验负责人(各小组组长)大声发出命令,禁止现场人员随意走动,并宣布开始升压。升压必须从零开始,切不可冲击合闸。在 75%试验电压以前,升压速度可以是任意的;自 75%试验电压开始应均匀升压,速率约为每秒 2%的试验电压。

⑧升压过程应密切监视高压回路,监听被试品有无异常声响;密切监视仪表读数,电压表、电流表都应无异常。升至试验电压[试验电压可参考《电气装置安装工程 电气设备交接试验标准》(GB 50150—2016),学生在做试验时,只要求掌握方法,因此,为安全起见,试验电压最高为 28 kV]后,开始计时并读取试验电压,一分钟后,迅速均匀降低试验电压到零,然后切断电源。

⑨试验结束后对变压器放电。

⑩耐压试验后应测量变压器绝缘电阻,与耐压试验前比较应无明显变化。

⑪做好试验结束后的设备清点、归位等工作,做好场地清理。

4.4.6　注意事项

①在升压和耐压过程中,如发现电压表指示急剧增加,调压器往上升方向调节时,电流上升而电压基本不变甚至有下降趋势,被试品冒烟、出气、焦臭、闪络、燃烧或发出击穿响声(或断续放电声),应立即停止升压,降压停电后查明原因。

如查明上述现象是绝缘部分出现的,则认为被试品工频电压试验不合格。如确定被试品的表面闪络是空气湿度或表面脏污等所致,应将被试品清洁干燥处理后,再进行试验。

②有时耐压试验进行了一段时间,中途因故失去电源,使试验中断,在查明原因恢复电源后,应重新进行全时间的持续耐压试验,不可仅仅进行"补足时间"的试验。

4.4.7 试验记录表格

（1）测量仪器（表 4.5）

表 4.5 测量仪器记录表

仪器名称	型号/规格	仪器编号

（2）测量环境及人员（表 4.6）

表 4.6 测量环境及人员记录表

试验日期	
环境温度	
环境湿度	
工作负责人	
试验人员	

（3）试验变压器铭牌（表 4.7）

表 4.7 试验变压器铭牌参数记录表

设备型号		额定容量	
低压绕组额定电压		低压绕组额定电流	
高压绕组额定电压		高压绕组额定电流	
制造日期		生产厂家	

（4）试验数据记录（表 4.8）

表 4.8 试验数据记录表

试验电压/kV	
耐压时间/s	

4.4.8 试验结论（略）

项目 **5**

接地电阻测量

任务 5.1　接地电阻测量原理学习

雷云中有大量的电荷聚集,当雷击电气设备、导线或雷击地面时,大量的雷电流沿雷电通道流下,形成感应雷过电压或直击雷过电压。为了降低过电压,需要给雷电流提供一个泄流通道;而电力系统也会由于操作或故障形成略大于正常运行电流的电流,也需一个泄流通道。为了给故障电流和雷电流提供泄流通道,稳定电位,提供零电位参考点,确保电力系统、电气设备的安全运行,同时保证电力系统运行人员及其他人员的人身安全,须将电气设备的某些部位、电力系统的某点与大地相连,即接地。

电力系统交流电气装置的接地按其功能可分为基本的 3 类:工作接地、保护接地和防雷接地。

(1)**工作接地**

工作接地是根据电力系统正常运行的需要而进行的接地,例如,将系统的中性点(电网中发电机或变压器的中性点)接地。其作用是稳定电网的对地电位,以降低电气设备的绝缘水平,并且有利于实现电网的继电保护等。工作接地的接地电阻值一般要求不大于 0.5 Ω。

(2)**保护接地**

在电气设备发生故障时,电气设备的外壳将带电,如果这时人接触设备外壳,将产生危险。因此为了保证人身安全,所有电气设备的外壳必须接地,这种接地称为保护接地。当电气设备的绝缘损坏而使外壳带电时,流过保护接地装置的故障电流应使相应的继电保护装置动作,切除故障设备,另外,也可通过降低接地电阻保证外壳的电位在人体的安全电压值之下,从而避免因电气设备外壳带电而造成的触电事故。保护接地一般要求接地电阻值不超过 4 Ω。

（3）防雷接地

为了防止雷电对电力系统及人身安全的危害,一般采用避雷针、避雷线及避雷器等雷电防护设备。这些雷电防护设备都必须与合适的接地装置相连,以将雷电流导入大地,这种接地方式称为防雷接地。流过防雷接地装置的雷电流幅值很大,可达到数百千安,但持续时间很短,一般只有数十微秒。

接地的功能是通过接地装置或接地系统来实现的。电力系统的接地装置可分为两类:一类为输电线路杆塔或微波塔的比较简单的接地装置,如水平接地体、垂直接地体、环形接地体等;另一类为发变电站的接地网。

表征接地装置电气性能的参数为接地电阻。接地电阻的数值等于接地装置相对于无穷远处零电位点的电压与通过接地装置流入地中电流的比值,它与土壤特性及接地体的几何尺寸有关,还与通过接地体的电流种类有关。接地电阻的大小,反映了接地装置流散电流和稳定电压能力的高低及保护性能的好坏。接地电阻越小,保护性能越好。

接地电阻的测量通常采用三极法的电压-电流表法,其原理如图 5.1 所示。图中 E′为被测接地体引出线,P′和 C′都是试验时临时打入地中的金属棒。其中 C 构成电流回路,称为电流辅助极;P 用来测量被测接地体周围的最大电位差,称为电压辅助电极。

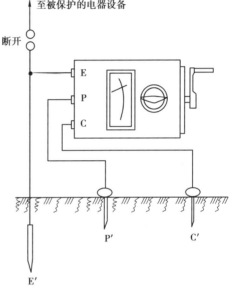

图 5.1　三极法测量接地电阻示意图

接地电阻值计算式为

$$R_e = \frac{U}{I} \tag{5.1}$$

式中　R_e——被测接地装置的工频接地电阻,Ω;

　　　U——被测接地装置 电压辅助极之间的电压,V;

　　　I——流入接地装置的电流,A。

上述方式所测得的接地电阻是工频接地电阻,若要得到冲击接地电阻,可由工频接地电阻换算而来,换算时需考虑接地体的形状、埋设方法和土壤的电阻率。

在采用电压-电流表法测量接地电阻时,电流辅助电极 C 与被测接地装置之间应有足够的距离,如果被测接地装置是单个接地体,这个距离一般取 40 m。电压辅助极 P 在 E 和 C 的中间,即位于地中电位分布变化最平坦的区域,一般取 E 和 P 之间的距离为 20 m。

任务5.2 接地电阻测量设备知识学习

5.2.1 ZC-8 型接地电阻表

（1）用途和适用范围

ZC-8 型接地电阻表（图 5.2）适用于直接测量各种接地装置的接地电阻值，也可供一般低电阻的测量，四端钮还可测量土壤电阻率。

（2）主要规格及量程

ZC-8 型接地电阻表型号及量程，见表 5-1。

图 5.2 ZC-8 型接地电阻表

表 5.1 ZC-8 型接地电阻表型号及量程

型 号	量程/Ω	最小分格值/Ω
（0~1/10/100）Ω	0~1	0.01
	0~10	0.1
	0~100	1
（0~10/100/1 000）Ω	0~10	0.1
	0~100	1
	0~1 000	10

（3）技术参数

①本产品符合《直接作用模拟指示电测量仪表及其附件》（GB/T 7676—2017）的技术要求。

②仪表的基准值为量程。

③仪表的准确度等级为 3 级，以基准值的百分数表示其基本误差。

④仪表工作环境温度为 -20~50 ℃，环境相对湿度为 25%~80%。

⑤当标准环境温度自 23 ℃ 变化引起指示值改变，换算成每变化 10 ℃ 不大于基本误差。

⑥当标准环境湿度自 40%~60% 变化，由此引起指示值的改变不大于基本误差。

⑦仪表工作位置为水平。

⑧仪表自水平工作位置向任一方向倾斜 5° 时，由此引起指示值的改变不大于基本误差的 1/2。

⑨仪表在外磁场强度为 0.4 kA/m 的影响下，由此引起指示值的改变不大于基准值的 1.5%。

⑩仪表线路与外壳间的绝缘电阻不低于 20 MΩ。

⑪仪表线路外壳间的电压试验应能耐受 50 Hz 交流电压 500 V,历时 1 min 试验。

⑫仪表的外壳防护等级为 IP54。

⑬辅助探测针的接地电阻由 500 Ω 改变至表 5.2 的规定值时,其基本误差改变量不应超过表 5.2 中的规定值。

表 5.2　ZC-8 型接地电阻表基本误差改变量

辅助接地电阻/Ω	0	1 000	2 000	5 000
允许改变量 (准确度等级指数百分数)/%	100	100	100	200

⑭仪表发电机手柄额定转速为 120 r/min。

（4）**主要结构**

本型仪表根据电位计原理设计,由手摇交流发电机、相敏整流放大器、电位器、电流互感器及检流计构成,全部密封于携带式外壳内,附件有接地探测针及连接导线等装于附件袋内,全部机件体积小巧、质量轻、携带方便。

（5）**使用与维护**

1）接地电阻的测量

①沿被测接地极 E′使电位探测针 P′和电流探测针 C′依直线彼此相距 20 m,且电位探测针 P′插于接地极 E′和电流探测针 C′之间。

②用导线将 E′,P′,C′连于仪表相应的端钮,如图 5.3 所示。

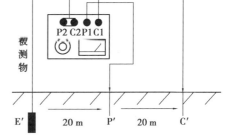

图 5.3　接地电阻测量接线

③将仪表放至水平位置,检查检流计是否指在中心线上,如否则可用调零器将其调整指于中心线。

④将"倍率标度"置于最大倍数,慢慢转动发电机摇把,同时旋动"测量标度盘"使检流计指针指于中心线。

⑤当检流计的指针接近平衡时,加快发电机摇把的转速,使其达到 120 r/min 以上,调整"测量标度盘"使指针指于中心线上。

⑥如"测量标度盘"的读数小于 1,应将"倍率标度"置于较小标度倍数,再重新调整"测量标度盘"以得到正确读数。

⑦用"测量标度盘"的读数乘以"倍率标度盘"的倍数,即为所测的接地电阻值。

2）土壤电阻率的测量

具有 4 个端钮的接地电阻表可以测量土壤电阻率。

在被测区沿直线埋入地下 4 根棒,彼此相距"X cm",棒的埋入深度应不超过"X"距离的 1/20。

打开 C2 和 P2 的连接片,用 4 根导线连接到相应探测棒上,测量方法与接地电阻的测量方法相同。

所测电阻率为

$$\rho = 2\pi aR \qquad (5.2)$$

式中　R——接地电阻表读数,Ω;

　　　a——棒与棒间的距离,cm;

　　　ρ——该地区的土壤电阻率。

所得的电阻率,可近似认为是被埋入棒之间区域内的平均土壤电阻率。

3)导体电阻的测量

对于 3 个端钮的仪表,短接 P,C 两端钮后,将被测电阻接 E 及 P,C 间即可。

对于 4 个端钮的仪表,将 C1P1 短接及 C2P2 短接,然后将被测电阻分别接 C1P1 和 C2P2 间。

4)注意事项

①当检流计的灵敏度过高时,可将电位探测针插入土壤中浅一些。当检流计灵敏度不够时,可沿电位探测针和电流探测针注水湿润。

当大地干扰信号较强时,可以适当改变手摇发电机的转速,提高抗干扰能力,以获得平衡读数。

②当接地极 E′和电流探测针 C′之间距离大于 40 m 时,电位探测针 P′的位置可插在离开 E′,C′中间直线几米以外,其测量误差可忽略不计。

当接地极 E′、电流探测针 C′之间的距离小于 40 m 时,则应将电位探测针 P′插于 E′与 C′的直线中间。

③当用四钮端(0~1/10/100)Ω 规格的仪表测量小于 1 Ω 电阻时应将 C2P2 接线端钮的连接片打开,分别用导线连接到被测接地体上,以消除测量时连接导线电阻而产生的误差。

5)运输与保管

①仪表运输及使用时应小心轻放,避免剧烈振动,以防轴尖宝石轴承受损而影响指示。

②仪表保存于周围空气温度为 0~40 ℃ 相对湿度不超过 85% 的地方,且在空气中不含有腐蚀性气体。

5.2.2　ETCR2000 钳形接地电阻仪

(1)概括

ETCR2000 主要用于电力、电信、气象以及其他电气设备的接地电阻测量,如图 5.4 所示。

ETCR2000 所采用的测量原理,在国外已成功应用多年。使用这种方法测量时,不用辅助电极,不存在布

图 5.4　ETCR2000 钳形接地电阻仪

极误差。重复测试时,结果的一致性非常好。国家有关部门对 ETCR2000 与传统电压电流法对比试验的结果表明,它完全可取代传统的接地电阻测试方法,准确地测量出接地电阻。在实际应用中,ETCR2000 钳形接地电阻仪在各行各业、各种不同的使用环境中得到了广大客户的认同。

（2）**性能特点**

1）操作简便

用 ETCR2000 只需将钳表的钳口钳绕被测接地线，即可从液晶屏上读出接地电阻值。

而传统电压电流测试法必须将接地线从接地系统中分离，同时还需将电压极及电流极按规定的距离打入土壤中作为辅助电极才能进行测量。

2）测量准确

传统电压电流测试法的准确度取决于辅助电极之间的位置，以及它们与接地体之间的相对位置。另外，电压极电流极与接地体之间的土壤电阻率的不均匀性都会影响测量结果。如果辅助电极的位置受到限制，不能符合计算值，则会带来所谓布极误差。对于同一个接地体，不同的辅助电极位置，可能会使测量结果有一定程度的分散性，从而影响测量的准确度。

ETCR2000 所采用的测量原理，在国外已成功应用多年。不存在电极布置误差。只要客户在测量时，先对本产品附带的测试环进行测量，如读数准确，那么之后所测量的接地电阻值就是准确的。

3）不受周围环境限制

传统电压电流测试法因为要设置两个有相对位置要求的辅助电极，所以对周围环境是有要求的，否则会影响测量的准确度。而随着我国城市化的发展，有时被测接地体周围很难找到土壤，它们全被水泥所覆盖，何况还要找到满足相对位置要求的土壤，有时就更为困难。

ETCR2000 钳形接地电阻仪就没有这些限制。只要进行一次开合钳口的操作，就可得到准确的接地电阻值。

4）其他

在某些场合下，ETCR2000 能测量出用传统方法无法测量的接地故障。例如，在多点接地系统中（如杆塔等。另外，有一些建筑物也是采用不止一个接地体），它们的接地体的接地电阻虽然合格，但接地体到架空地线间的连接线有可能使用日久后接触电阻过大甚至断路。尽管其接地体的接地电阻符合要求，但接地系统是不合格的。对于这种情形用传统方法是测量不出的。

用 ETCR2000 则能正确测出，因为 ETCR2000 测量的是接地体电阻和线路电阻的综合值。

（3）**技术参数**

ETCR2000 钳形接地电阻仪技术参数见表 5.3。

表 5.3　ETCR2000 钳形接地电阻仪技术参数

测量范围/Ω	分辨率/%	准确度/Ω
0.010~0.099	0.001	$\pm(1\%+0.01\ \Omega)$
0.10~0.99	0.01	$\pm(1\%+0.01\ \Omega)$
1.0~49.9	0.1	$\pm(1.5\%+0.1\ \Omega)$
50.0~99.5	0.5	$\pm(2\%+0.5\ \Omega)$
100~199	1	$\pm(3\%+1\ \Omega)$

续表

测量范围/Ω	分辨率/%	准确度/Ω
200~395	5	±(6%+5 Ω)
400~590	10	±(10%+10 Ω)
600~1 000	20	±(20%+20 Ω)

任务5.3 输电线路杆塔接地电阻测量

本任务按现场作业指导书的要求完成。

5.3.1 作业条件

①杆塔接地电阻测量应在晴朗的天气下进行,地面应干燥。
②严禁雷雨、大雾天开展此项工作。
③保证仪器的良好性能。

5.3.2 使用主要工器具

序号	使用工器具及材料	规格及型号	单 位	数 量	备 注
1	接地摇表	ZC-8	台	1	
2	接地探测针	φ10 mm	根	3	
3	电线	2.5 mm	米	20	电压极
4	电线	2.5 mm	米	40	电流极
5	鳄鱼夹		个	1	
6	绝缘手套		双	1	
7	扳手	250 mm	把	2	
8	钢刷		把	1	

5.3.3 作业人员要求

作业人员共2~3人,其中工作负责人1人,作业人员必须经过专业培训。

5.3.4 安全注意事项及危险点控制措施

(1)安全注意事项

①雷雨天和大雾天,严禁测量接地电阻。

②工作人员必须穿合格的绝缘鞋,戴合格的绝缘手套和安全帽。

③严禁接触与地断开的接地线。

（2）危险点控制措施

序号	工作危险点	控制措施
1	人身触电	工作时,在接触与地断开的接地线时,必须戴合格的绝缘手套。在测量时应防止触及接地探测针

5.3.5　作业方法及要求

（1）作业方法

采用 ZC-8 型接地摇表进行测试。

（2）作业步骤及要求

1）准备阶段

①接受工作任务,对工作人员进行分工,由工作负责人交代测量过程中的技术措施及应注意的安全事项。

②对工器具进行检查、调试,对个人工作防护用具（如安全帽、绝缘手套、绝缘鞋等）进行清理,保证其安全合格。

2）实施阶段

①进入工作现场,清理工器具,开始工作。

②断开接地网与杆塔连接的螺栓。

③将接地摇表安放平稳。

④分别用一根长 20 m 和一根长 40 m 的导线与接地探测针连接组成电压探测针和电流探测针,并分别将其插入地面下 0.5 m 左右。

⑤将两探测针的另一端分别与摇表的 P,C 连接,E 与接地引下线连接。

⑥将刻度盘零点对准中心线,然后调节检流计指针,使其指于中心线上（即调零）。

⑦测量开始时,先将倍率挡打至最大。开始慢慢摇动手柄,调整倍率,逐渐加速,调整指针旋钮,使检流计指针指于中心线。至 120 r/min 为止。刻度盘的读数与倍率的乘积即为所测接地电阻值。如电阻读数小于 1.0,则可改变倍率重新摇测。

⑧所测的接地电阻值应根据当时的土壤干燥、潮湿情况并乘以季节系数,其值可按表 5.4 中取用。

表 5.4　防雷接地装置的季节系数表

埋深/m	水平接地体	2～3 m 的垂直接地体
0.5	1.4～1.8	1.2～1.4
0.8～1.0	1.25～1.45	1.15～1.3
2.5～3.0	1.0～1.1	1.0～1.1

3)作业结束阶段

①测量完毕,将接地引下线与杆塔连接,并做好记录,对发现杆塔接地电阻不合格的交运行部门制作缺陷单,以便及时进行改造或更换。

②清理现场,工作完毕。

5.3.6 技术及质量关键点控制

①所用试验连接线截面一般不应小于 1.0~1.5 mm²。

②两探测针导线应与线路或地下金属管道垂直。

③摇表的电压极引线与电流极引线之间应有足够的距离(一般相隔 2 m),以免自身发生干扰。

④当检流针灵敏度过高时,可将探测针插得浅一些,当灵敏度不够时,可沿探测针注入水,使与其接触的土壤湿润。

⑤若冬季电阻值大于 10 Ω,夏季大于 8.9 Ω,又不知道接地极形式时,应测量土壤电阻率。测量土壤电阻时,应先断开 CP 之内连片,在 P 端引一接地探测针进行测量。

⑥若阻值小于 1 Ω 时,应打开 CP 连片,分别用导线连接到被测接地体上,以消除接线误差。

⑦避免在雨后立即测量接地电阻,一般在雨后 3 天进行测量为宜。

5.3.7 杆塔接地电阻测量作业卡

(1)杆塔接地电阻测量作业总卡

工作内容:				编号:	
工作地点:			工作时间:		工作负责人:
1.准备工作					
√	序号	准备工作的内容			
	1	合理安排人员,配齐安全带、安全帽及个人用具等			
	2	检查并清点工器具、材料			
	3	明确作业内容和技术质量控制要点,进行安全技术交底			
2.危险点分析与控制措施					
√	序号	危险点分析	控制措施		
	1	电击	熟悉电阻测量仪操作规程,连接端头时严禁摇动手柄		
	2	雷击触电	接地测量应在雷季前干燥晴朗的季节进行,不得在雷雨天进行 接触与地断开的接地线时应使用绝缘手套		
3.技术质量控制要点					

√	序号	技术质量控制要点
	1	首先断开接地引线,敷设接地线,两根测量线应呈垂直状散开,不应距离太近
	2	各连接线应紧密可靠,保证有效畅通
	3	手动摇动手柄速度不低于120 r/min,指针稳定后读取测量数据
	4	按季节系数进行换算

4.工作分工

工作内容	接受人	派发时间	回收时间

(2)杆塔接地电阻测量作业分卡

工作内容:		
工作地点:	工作时间:	小组负责人:

1.作业内容及标准

√	序号	作业内容	作业步骤及标准	安全措施
	1	打开接地引线	用扳手拆开与杆塔连接的所有接地引下线的连接螺栓,清除测试引下线端头的锈蚀以便与接地摇表连接牢靠	应戴绝缘手套操作
	2	接地电阻表测量(手摇)	1.将仪器放平、调零 2.按规程要求布置探针,电流极为4倍接地线长度、电压极为2.5倍接地线长度 3.将被测杆塔接地体和端钮E连接,电压探针和电流探针分别与仪器的端钮P1,C1连接 4.以120 r/min的速度摇动发电机、调整倍率盘和刻度盘,使指针稳定指向表盘中间的零刻度 5.表盘读数乘以倍率即是电阻值 6.计入季节换算系数,确定实际接地电阻值	1.熟悉电阻测量仪的操作规程 2.连接端头时严禁摇动手柄 3.接地测量应在雷季前干燥晴朗的天气进行,不得在雷雨天进行
	3	恢复接地引下线	恢复接地引下线,将螺栓连接紧固	应戴绝缘手套操作

2.接地电阻测量记录

杆号	接地型号	测量电阻值	土壤性质	天气	测量人	测量时间	备注

项目 **6**

直流电阻测量

任务6.1　直流电阻测量目的学习

大多数电气设备由铁磁材料和绝缘材料组成,而电磁材料就是导电材料和磁性材料。关于导电材料的试验项目有很多,这里主要检查导电回路的连续性、固定和滑动连接是否良好,最简单的方法,就是测量电阻。

电阻的测量有直流、交流两种方法。但在交变电流和磁场的作用下,由于集肤效应和电感电容的存在,测量显得异常复杂,并且误差增大。此外,磁电式直流仪表较相应的电磁式交流仪表更加灵敏、准确,因此,常用直流方法作为测量电阻的基本方法。

常用的电阻测量方法,采用一定大小的电流通过被测电阻,在电阻两端产生压降,按欧姆定律计算出电阻,通常称为电压降法(或称直接测量法);为了测量简单,采用与事先经精密测量的标准电阻进行比较,称为比较法(或称电桥法)。

被测电阻的大小范围很广,常见的电阻数值为 $10^{-5} \sim 10^{12}$ Ω,可划分为低电阻、中电阻和高电阻3类,用不同的方法进行测量。

(1)低电阻

电阻值一般为 $10^{-5} \sim 1$ Ω,具有一定截面的良好导体的电阻,或导线和导线制品、导体接点的接触电阻。如主变压器、大型电动机、配电变压器的低压绕组、开关接触电阻等均属这一类,由于电阻很小,对测量设备的灵敏度要求高一些。本项目测量的就是这类低电阻。

(2)中电阻

电阻值一般为 $1 \sim 10^{6}$ Ω,如配电变压器和电压互感器的高压绕组,开关脱扣线圈等。由于电阻值适中,在测量中没有严格要求。

(3)高电阻

电阻值一般为 $10^{6} \sim 10^{12}$ Ω,一般是不良导体和绝缘材料的电阻,常称为绝缘电阻,其测量方法在本书项目 1 中已介绍。

通过测量直流电阻，可以发现电气设备中存在的一些问题。如变压器直流电阻测量可以：

①检查绕组焊接质量；

②检查分接开关各个位置接触是否良好；

③检查绕组或引出线有无折断处；

④检查并联支路的正确性，是否存在由几根并联导线绕制成的绕组发生一处或多处断线的情况；

⑤检查层、匝间有无短路的现象；

⑥确定绕组的平均温升。

任务 6.2 直流电阻测试设备知识学习

6.2.1 QJ31 型直流单双臂电桥

（1）用途及特点

①QJ31 型直流单双臂电桥采用惠斯顿和开尔文电桥组合线路，内附指零仪并能内装工作电池，除测量导线外，不需要其他附件即可对直流电阻进行测量工作。

②采用 JZ2 型指零仪，灵敏度高，在各量程的电源回路中串入合适的限流电阻，使电桥在各量程的灵敏度比较均匀，确保各量程准确度并有足够分辨率。

③电桥备有外接指零仪插座和双桥外接电源接线柱，以满足各种用途的需要。

④用途：适合在工矿企业、实验室、车间现场或野外工地，对 $100\ \mu\Omega \sim 1.111\ M\Omega$ 范围内的直流电阻作精密测量。如金属导体的电阻率、线缆电阻、分流器电阻、开关/电器的接触电阻及电机、变压器的绕组直流电阻等。

（2）主要技术指标

①QJ31 型直流单双臂电桥主要技术指标符合《测量电阻用直流电桥》（GB/T 3930—2008）国家标准。

②电桥的总有效量程：

单臂电桥，$10 \sim 11\ 110\ 000\ \Omega$。

双臂电桥，$10^{-4} \sim 1\ 111\ \Omega$。

③使用环境条件：

参考条件，温度为（20 ± 1）℃，相对湿度为 $40\% \sim 60\%$。

标准条件，温度为（20 ± 10）℃，相对湿度为 $25\% \sim 80\%$。

④电桥各量程、测量范围、等级指数见表 6.1。

表 6.1　QJ31 型直流单双臂电桥参数

（单臂）测量范围	0~1.111 000 MΩ		
倍率	量程	分辨率	准确度
×10	0~111.10 Ω	10 mΩ	0.1%
×10^2	0~1.111 0 kΩ	100 mΩ	0.1%
×10^3	0~11.110 kΩ	1 Ω	0.1%
×10^4	0~111.10 kΩ	10 Ω	0.2%
×10^5	0~1.111 0 MΩ	100 Ω	0.5%
（双臂）测量范围	0.000 1~1 111 Ω		
×10^{-2}	0~111.10 MΩ	10 μΩ	0.1%
×10^{-1}	0~1.111 0 Ω	100 μΩ	0.1%
×1	0~11.110 Ω	1 MΩ	0.1%
×10	0~111.10 Ω	10 MΩ	0.1%
桥路电源	（单臂）1.5~10.5 V；（双臂）1.5~2 V		
指零仪电源	9 V（2 节 6F22 型叠层电池并联）		
外形尺寸	（W）320 mm×（H）280 mm×（D）170 mm		
质量	4.5 kg		

⑤基本误差允许极限。在参考温度和相对湿度条件下，电桥各量程的允许误差极限为：

$$E_{\text{lim}} = \pm C\%(R_{\text{N}}/10 + X) \tag{6.1}$$

式中　E_{lim}——允许误差极限，Ω；

　　　C——准确度等级指数；

　　　R_{N}——基准值，Ω（取该量程内最大的 10 的整数幂）；

　　　X——标度盘示值，Ω。

⑥电桥工作电源：

a.单桥电源，内装 1.5 V 1 号干电池 1 节和 6F22 型 9 V 叠层电池 2 节（并联使用）。

b.双桥电源，内装 1.5 V 1 号干电池 3 节（并联使用），外接为 1.5~2 V。

c.指零仪电源，内装 6F22 型 9 V 叠层电池 2 节（并联使用）。

（3）电桥外形及部件名称

QJ31 型直流单双臂电桥面板如图 6.1 所示。

图中部件说明如下：

①指零仪按钮开关 G；

②电源按钮开关 B；

③单臂电桥测量接线柱（R_{XW}）；

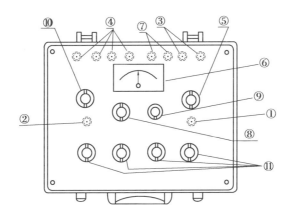

图 6.1　QJ31 型直流单双臂电桥面板布置

④双臂电桥四端钮测量接线柱(R_{XK})；

⑤量程倍率；

⑥指零仪表头；

⑦电桥电路外接电源端钮；

⑧指零仪电气调零旋钮；

⑨指零仪灵敏度调节旋钮；

⑩电桥状态选择开关；

⑪测量读数盘：×1、×0.1、×0.01、×0.001。

QJ31 型直流单双臂电桥实际外形如图 6.2 所示。

图 6.2　QJ31 型直流单双臂电桥实际外形

(4)**基本工作原理**

①单电桥：属典型的惠斯顿电桥线路，6 只电阻元件中间抽头组成比例臂，构成 5 个倍率，由 10×1 000 Ω、10×100 Ω、10×10 Ω、10×1 Ω 这 4 个十进盘组成比较臂，即读数盘。电源回路

中分别串有 R_3，R_4，R_5 和 R_6 这4个限流电阻，使各量程灵敏度比较均匀。被测电阻从"R_{XW}"两接线柱以二线制方式接入。

②双电桥：属典型的开尔文电桥线路，由4只电阻元件组成4个倍率；比较臂即读数盘由完全对称的两组组成，每组由4个十进盘组成，其中一组与单电桥比较臂合用。电源回路中分别串有 R_7，R_8 和 R_9 3个限流电阻，使各量程灵敏度比较均匀。被测电阻从"R_{XK}"四接线柱 C1，P1，P2，C2 以四线制方式接入，其中 C1，C2 为电流端，P1，P2 为电位端。

③内附指零仪：采用 JZ2 型调制式放大器，具有灵敏度高、零漂小、耗电省等特点。

（5）**使用方法**

1）准备

①在电桥背面电池盒内分别装入单桥电源、双桥电源和指零仪电源。双臂电桥可采用外接电源。

注意：外接电源和电池不可同时有。

②指零仪调零：将"电源选择"开关由"断"旋到需要位置上，指零仪电源接通，5 min 后对指零仪调零。

2）测量

①单桥测量。被测电阻与"R_{XW}"两接线柱相连，将量程倍率置于"单桥"，适当选择"单桥倍率"，先按下"B"按钮，再按下"G"按钮，调节平滑读数盘，使指零仪重新回零，电桥平衡，则被测电阻为：

$$R_X = 单桥倍率 \times 测量盘示值$$

单臂电桥测量电阻的连接方法如图 6.3 所示。

②双桥测量。被测电阻与"R_{XK}"四接线柱 C1，P1，P2，C2 正确相连，AB 两点为有效测量点；将量程倍率置于"双桥"，适当选择"双桥倍率"，先按下"B"按钮，再按下"G"按钮，调节测量盘，使指零仪重新回零，电桥平衡，则被测电阻为：

$$R_X = 双桥倍率 \times 测量盘示值$$

双臂电桥测量电阻的连接方法如图 6.4 所示。

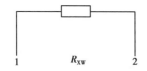

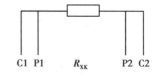

图 6.3　单臂电桥测量电阻的连接方法　　　图 6.4　双臂电桥测量电阻的连接方法

③外接指零仪。为了提高电桥测量分辨率和准确度，可外接指零仪。用导线将专用插头和外接指零仪连接好，插入外接指零仪插座（G 外）就可接通外接指零仪，内附指零仪同时断开。

④双桥外接电源。为了延长双桥测量时间，可以"双桥外接电源"接线柱接入 1.5~2 V 各类直流电源。

（6）**注意事项**

①在使用双臂电桥时，"B"按钮应间歇使用，避免浪费电源。接线柱到被测电阻之间的

连接导线电阻不大于 0.05 Ω。

②在测量带电感分量的直流电阻时,为防止反电势损坏电桥,测量时应先按"B",后按"G"按钮;测量完毕,应先放"G",后放"B"按钮。

③电桥应储存在环境温度 10～30 ℃,相对湿度 25%～80% 的条件下,室内空气不应有腐蚀仪器的气体和有害杂质,而仪器不应受日光的直接照射。

④使用中,如发现指零仪灵敏度显著下降,可能由电池电量用完引起,应及时更换电池。

⑤双桥外接电源最好采用大容量干电池、蓄电池或专用低压大电流稳压电源,一般稳压电源可能过冲会损坏电桥。

⑥电桥若长期不用,则必须将所有干电池取出,否则电池漏液会腐蚀电桥。

⑦电桥应储存在环境温度 10～30 ℃,相对湿度 25%～80% 的条件下,室内空气不应有腐蚀性气体和有害物质,电桥不应受光直接照射。

6.2.2　TE-ZC3 直流电阻快速测量仪

(1)**性能特点**

①测量速度快:采用优质恒流源,能快速建立测试电流,速度比常规的直流双桥快几十至几百倍,测量大型变压器直流电阻时,本仪器的测量时间仅为 10～60 s。

②抗干扰能力强:在复杂的干扰环境下,也能稳定工作。

③测量精度高:仪器内部采用斩波稳零电路,自动消除硬件零点漂移,能准确测量微小电阻。接线采用四端子测量法,试验回路的电阻不影响测量的准确度。

④操作方便:触摸按键控制量程转换,并有声光提示。

⑤测量范围广:测量值为 1 μΩ～20 000 Ω,相当于一台微欧计和一台直流电阻计的范围总和。能测量 PT 直流电阻。

⑥安全性能好:备有快速电流放电回路,并能动态观测放电残余量,有效保证人身及仪器安全。放电时间一般仅为 5～10 s。

⑦携带方便:该仪器体积小、质量轻。体积、质量仅为同类产品的 20%～50%。

(2)**工作原理**

本仪器主要由稳压稳流电源、放电电路、放大电路、除法电路、模数转换电路和显示 6 个部分构成。R 为被试品的直流电阻,$R_标$ 为已知的机内电流采样电阻。当回路通过恒定电流 I 时,

被试品的电压降:$V_1 = I \times R$

电流采样电阻的电压降:$V_标 = I \times R_标$

可通过硬件除法电路得到:$R = V_1/I = V_1/V_标 \times R_标$

(3)**面板布置**

TE-ZC3 直流电阻快速测量仪面板布置如图 6.5 所示。

各部件说明如下:

①接地端子:为保障操作者的安全及仪器正常工作,使用前应将该接地端子可靠接地。

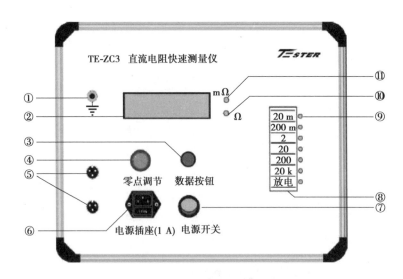

图 6.5　TE-ZC3 直流电阻快速测量仪面板布置

②电阻显示窗口:显示被测试品的电阻值。

③数据保持按钮:测试过程中应保证此按钮处于弹起状态,读取数据时,按下此按钮,保持所测试数据。

④零点调节电位器:试验前使显示窗口的读数为零。

⑤航插座:测试电缆线插孔。

⑥电源插座:接 220 V 市电,该插座内含保险丝盒,本仪器安装 1 A 保险丝。

⑦电源开关:闭合该开关,仪器电源接通。

⑧触摸按键:选择挡位时,可按下按键,使挡位指示灯亮。

⑨测量挡位指示:指示灯亮,说明已选择此挡位。

⑩欧姆指示:此灯亮时,说明所测数据的单位为欧姆级。

⑪毫欧指示:此灯亮时,说明所测数据的单位为毫欧级。

其中,触摸按键中各挡位的量程见表 6.2。

表 6.2　TE-ZC3 直流电阻快速测量仪量程

按键上标注的字符	说　明
20 m	量程为 20 mΩ,被试品阻值为 1~20 mΩ 按此键
200 m	量程为 200 mΩ,被试品阻值为 20~200 mΩ 按此键
2	量程为 2 Ω,被试品阻值为 200 mΩ~2 Ω 按此键
20	量程为 20 Ω,被试品阻值为 2~20 Ω 按此键
200	量程为 200 Ω,被试品阻值为 20~200 Ω 按此键
20 k	量程为 20 kΩ,被试品阻值为 200 Ω~20 kΩ 按此键
放电	测试完成后按此键开始放电

（4）**基本操作**

1）量程选择

①估算被试品电阻的大小,选择相应量程。

②在测试过程中,显示窗口长期显示全零并闪动,说明选择量程过小,应选择高一挡位的量程(大型变压器充电时间较长,充电过程中也是该现象,可等待一段时间)。

③如果显示阻值的有效数字小于5位,为提高测试精度,应选择低一挡位的量程,使有效数字显示5位。

④按下量程选择按钮,仪器会有声音提示,相应的挡位指示灯也会发光指示。

2）零点调节

①在关机状态下,将红色鳄鱼夹短接、黑色鳄鱼夹短接后再开机。

②选择好量程后,调节零点电位器,使显示窗口的显示为零,即已调节好零点。

3）数据的稳定读取

①在测试过程中,数据保持按钮应处于弹起状态。

②充电完成后,按下此按钮,显示窗口的数据即被锁定,数据就能更清晰地读取。

③数据读取完后,应再次按一下此按钮,使之弹起,方便下次使用。

4）测试完成后放电

测试结束后,按下放电按键,使放电指示灯亮,显示窗口的数据变小至零,此时再关机拆线。这样可避免试品因瞬间断路造成的高压对人体及仪器的伤害。

5）保险丝的更换

在电源插座下方有一个保险丝盒,用平口起子将该保险丝盒往上拉即可更换保险丝,保险丝规格为1 A。

（5）**测试方法**

1）接线准备

①将接地线一端夹在地网上,一端可靠地接于面板的接地端子上。

②将两根测试电缆线航插插头分别插入仪器面板的两个航插插座孔中并锁紧。

③将一根测试电缆线一端夹在试品的一端,另一根测试电缆线以同样的方法夹在试品的另一端。

④插上电源插头。

2）测试步骤

①合上电源开关。

②根据被试品的阻值范围,选择测试量程,按下相应量程选择按键。

③等待10~60 s后(试品不同,时间有长短),显示窗口显示数据稳定,按下数据保持按钮,读取数据。

④数据读取完后,按下数据保持按钮,使之弹起。

⑤按下放电按键,对试品进行放电。

3)试验结束后现场清理

①关闭电源开关,拔下电源线(先放电,再关机,确保安全)。

②将测试电缆线拆除并收好,方便下次使用。

③拆除接地线,并整理好。

(6)其他注意事项

①为了仪器及操作人员的安全,仪器必须可靠接地。

②试验准备时最先接好地线,工作完毕时,最后拆除接地线。

③试验结束后,应先放电,防止感性负载由于瞬间断电产生高压。

④在通电情况下,任何人不得插拔任何接线。

⑤当在室外工作时,请勿将仪器长时间置于太阳下暴晒。

⑥接线完毕后,应检查一遍,看是否有接线错误,接插件是否锁紧,鳄鱼夹是否接触良好。

⑦应正确地选择测试量程,过大的量程会使测试误差加大,过小的量程,数码管显示全为零并不停地闪烁。

⑧仪器平时不用时,应储存在环境温度-20~60 ℃,相对湿度不超过85%,通风,无腐蚀性气体的室内。存储时不应紧靠地面和墙壁。

⑨在气候潮湿的地区或潮湿的季节,本仪器如长期不用,要求每月开机通电一次(约2 h),以使潮气散发,保护元器件。

任务6.3　配电变压器直流电阻测量

6.3.1　试验目的

①检查绕组接头的焊接质量和有无匝间短路。

②电压分接开关的各位置接触是否良好以及开关实际位置与指示位置是否相符等。

③引出线有无断裂。

④多股并绕的绕组有无断股。

6.3.2　试验设备

TE-ZC3 直流电阻快速测量仪一台。

6.3.3　试验步骤

①将接地线一端夹在地网上,一端可靠地接于面板的接地端子上。

②将两根测试电缆线航插插头分别插入仪器面板的两个航插插座孔中并锁紧。

③测量高压绕组 AB 相之间直流电阻时,将一根测试电缆线一端夹在 A 相接线柱,另一根测试电缆线夹在 B 相接线柱,同理可测 BC 相、AC 相。测低压绕组 A 相直流电阻时,将一根测试电缆线一端夹在 A 相接线柱,另一根测试电缆线夹在中性点接线柱,同理可测 B 相、C 相。

④插上电源插头。

⑤合上电源开关。

⑥根据被试品的阻值范围,选择测试量程,按下相应量程选择按键。

⑦等待 10~60 s 后(试品不同,时间有长短),显示窗口显示数据稳定,按下数据保持按钮,读取数据。

⑧数据读取完后,按下数据保持按钮,使之弹起。

⑨按下放电按键,对试品进行放电。

⑩重复第③步,直至 6 组数据全部测出。

⑪关闭电源开关,拔下电源线。

⑫拆除试验接线,清理场地。

6.3.4　注意事项

①变更试验或试验结束要先拉开电源并充分放电以免反电动势伤人。

②测量时电压线和电流线应尽量与被测绕组端子可靠连接,等电流稳定之后,才能读取数据。

③为了与以前的数据比较,应将不同温度下测得的电阻换算到同一温度。

④测量过程中,不能随意切断电源及拉掉测量引线,否则变压器绕组所具有的较大电感将产生很高的反电势,对试验人员和设备有一定危险。

⑤断开板面上的电源开关,并明显断开 220 V 试验电源,才能进行试验更改或结束工作。

6.3.5　试验数据

配电变压器试验报告						
试验地点:			试验日期:		温度:　　℃	
铭牌	制造厂:		型　号:		生产日期:　年　月	
	出厂序号:		额定容量:　　kV·A		形式:	
	额定电压:		阻抗电压:		相别:	
	接线方式:		额定电流:　/　A			
试验项目						
变压器直流电阻测量						
试验名称:高压侧直流电阻/Ω						

挡位　端子	AB	BC	CA	三相不平衡率/%	结论
Ⅰ					
Ⅱ					
Ⅲ					

续表

试验名称:低压侧直流电阻/mΩ					
端子	AO	BO	CO	三相不平衡率/%	
测量值					
使用仪器:					

注:三相不平衡率计算公式为

$$三相不平衡率 = \frac{三相中直流电阻最大值 - 三相中直流电阻最小值}{三相直流电阻平均值} \times 100\%$$

6.3.6 试验结果分析

规程规定:

1 600 kV·A 以上的变压器,相间的差别不大于三相平均值的 2%;无中性点引出时,线间差别应不大于三相平均值的 1%。

1 600 kV·A 及以下的变压器,相间的差别不大于三相平均值的 4%;无中性点引出时,线间差别应不大于三相平均值的 2%。

测量值与以前(出厂或交接时)相同部位测量值比较,其变化不应大于 2%。

任务 6.4 断路器直流电阻测量

6.4.1 试验目的

①检测断路器的机械运动性能是否正常。

②评估断路器的接触性能、金属组件接头的紧密度以及引出线路与断路器主体之间的接触情况等。

③检测断路器内部介质的质量以及介质是否存在损坏、缺陷和变形等。

④评估断路器的电气性能,包括绝缘电阻、接触电阻、短路电流等。

⑤评估断路器的使用寿命和维护周期。

6.4.2 试验设备

TE-ZC3 直流电阻快速测量仪一台。

6.4.3 试验步骤

①将接地线一端夹在地网上,一端可靠地接于面板的接地端子上。

②将两根测试电缆线航插插头分别插入仪器面板的两个航插插座孔中并锁紧。

③测量断路器分闸线圈、合闸线圈直流电阻时,断路器应处于合闸位置,把测量用的电流

线和电压线夹到断路器的两侧(电压线在内侧,电流线在外侧)并保证接触良好。

④插上电源插头。

⑤合上电源开关。

⑥根据被试品的阻值范围,选择测试量程,按下相应量程选择按键。

⑦等待 10~60 s 后(试品不同,时间有长短),显示窗口数据稳定,按下数据保持按钮,读取数据。

⑧数据读取完后,按下数据保持按钮,使之弹起。

⑨按下放电按键,对试品进行放电。

⑩重复第三步,直至两组数据全部测出。

⑪关闭电源开关,拔下电源线。

⑫拆除试验接线,清理场地。

6.4.4　注意事项

①切勿在高压状态下进行测试,避免触电等危险。

②变更试验或试验结束要先拉开电源并充分放电以免反电动势伤人。

③测量时电压线和电流线应尽量与被测线圈端子可靠连接,等电流稳定之后,才能读取数据。

④为了与以前的数据比较,应将不同温度下测得的电阻换算到同一温度。

⑤测量过程中,不能随意切断电源及拉掉测量引线,否则断路器线圈所具有的较大电感将产生很高的反电势,对试验人员和设备有一定危险。

⑥断开板面上的电源开关,并明显断开 220 V 试验电源,才能进行试验更改或结束工作。

6.4.5　试验数据

断路器试验报告					
试验地点:		试验日期:		温度:　　℃	
铭牌	制造厂:	型号:		生产日期:　年　月	
	出厂序号:	断流容量:　　kV·A		形式:	
	额定电压:	额定电流:		开断电流:	
试验项目					
断路器直流电阻测量					
线圈		电阻值		规定值误差率/%	结论
分闸线圈					
合闸线圈					
使用仪器:					

6.4.6　试验结果分析

规程规定:断路器分闸线圈、合闸线圈的直流电阻应符合制造厂规定。

任务 6.5　电压互感器直流电阻测量

6.5.1　试验目的

①检查一次、二次绕组的质量及回路的完整性。

②发现各种因素所造成的导线断裂、接头开焊、接触不良、匝间短路等缺陷。

6.5.2　试验设备

TE-ZC3 直流电阻快速测量仪一台。

6.5.3　试验步骤

①将接地线一端夹在地网上,一端可靠地接于面板的接地端子上。

②将两根测试电缆线航插插头分别插入仪器面板的两个航插插座孔中并锁紧。

③对于一次绕组,将测试仪正极电压电流线接在一次绕组 A 端,负极电压电流线接在一次绕组 N 端。对于二次绕组,按照一次绕组的测量方法重复测量,测试前注意变换"电流量程"。

④插上电源插头。

⑤合上电源开关。

⑥根据被试品的阻值范围,选择测试量程,按下相应量程选择按键。

⑦等待 10~60 s 后(试品不同,时间有长短),显示窗口数据稳定,按下数据保持按钮,读取数据。

⑧数据读取完后,按下数据保持按钮,使之弹起。

⑨按下放电按键,对试品进行放电。

⑩重复第三步,直至一次、二次侧各个绕组直流电阻数据全部测出。

⑪关闭电源开关,拔下电源线。

⑫拆除试验接线,清理场地。

6.5.4　注意事项

①变更试验或试验结束要先拉开电源并充分放电以免反电动势伤人。

②测量时电压线和电流线应尽量与被测绕组端子可靠连接,等电流稳定之后,才能读取数据。

③为了与以前的数据比较,应将不同温度下测得的电阻换算到同一温度。

④测量过程中,不能随意切断电源及拉掉测量引线,否则互感器绕组所具有的较大电感将产生很高的反电势,对试验人员和设备有一定危险。

⑤断开板面上的电源开关,并明显断开 220 V 试验电源,才能进行试验更改或结束工作。

6.5.5　试验数据

<table>
<tr><td colspan="8" align="center">电压互感器试验报告</td></tr>
<tr><td colspan="2">试验地点:</td><td colspan="3">试验日期:</td><td colspan="3">温度:　℃</td></tr>
<tr><td rowspan="4">铭牌</td><td colspan="2">制造厂:</td><td colspan="2">型号:</td><td colspan="3">生产日期:　年　月</td></tr>
<tr><td colspan="2">出厂序号:</td><td colspan="2">额定容量:　kV·A</td><td colspan="3">变比:</td></tr>
<tr><td colspan="2">额定电压:</td><td colspan="2">额定电流:</td><td colspan="3">相别:</td></tr>
<tr><td colspan="2">准确度等级:</td><td colspan="5">结构形式:</td></tr>
<tr><td colspan="8" align="center">试验项目</td></tr>
<tr><td colspan="8">电压互感器直流电阻测量</td></tr>
<tr><td colspan="8">试验名称:一次绕组直流电阻/Ω</td></tr>
<tr><td colspan="2" rowspan="2" align="center">绕组</td><td colspan="3" align="center">相别</td><td colspan="2" rowspan="2" align="center">出厂值</td><td rowspan="2" align="center">结论</td></tr>
<tr><td align="center">A</td><td align="center">B</td><td align="center">C</td></tr>
<tr><td colspan="2" align="center">1s1-1s2</td><td></td><td></td><td></td><td colspan="2"></td><td></td></tr>
<tr><td colspan="2" align="center">2s1-2s2</td><td></td><td></td><td></td><td colspan="2"></td><td></td></tr>
<tr><td colspan="8">试验名称:二次绕组直流电阻/Ω</td></tr>
<tr><td colspan="2" rowspan="2" align="center">绕组</td><td colspan="3" align="center">相别</td><td colspan="2" rowspan="2" align="center">出厂值</td><td rowspan="2" align="center">结论</td></tr>
<tr><td align="center">A</td><td align="center">B</td><td align="center">C</td></tr>
<tr><td colspan="2" align="center">1s1-1s2</td><td></td><td></td><td></td><td colspan="2"></td><td></td></tr>
<tr><td colspan="2" align="center">2s1-2s2</td><td></td><td></td><td></td><td colspan="2"></td><td></td></tr>
<tr><td colspan="2" align="center">3s1-3s2</td><td></td><td></td><td></td><td colspan="2"></td><td></td></tr>
<tr><td colspan="8">使用仪器:</td></tr>
</table>

6.5.6　试验结果分析

规程规定:

①一次绕组直流电阻测量值,与换算到同一温度下的出厂值比较,相差不宜大于 10%。

②二次绕组直流电阻测量值,与换算到同一温度下的出厂值比较,相差不宜大于 15%。

任务 6.6　电流互感器直流电阻测量

6.6.1　试验目的

检查绕组接头的焊接质量和绕组有无匝间短路,引线接触不良。

6.6.2　试验设备

TE-ZC3 直流电阻快速测量仪一台。

6.6.3　试验步骤

①将接地线一端夹在地网上,一端可靠地接于面板的接地端子上。

②将两根测试电缆线航插插头分别插入仪器面板的两个航插插座孔中并锁紧。

③对于一次绕组,将测试仪上正极电流线、电压线与一次绕组一侧相连,用试验专用接线钳连接正极电流线和正极电压线,夹至一次绕组一侧;将测试仪上负极电流线、电压线与一次绕组另一侧相连,用试验专用接线钳连接负极电流线和正极电压线,夹至一次绕组另一侧。电流互感器二次绕组的接线类似。

④插上电源插头。

⑤合上电源开关。

⑥根据被试品的阻值范围,选择测试量程,按下相应量程选择按键。

⑦等待 10~60 s 后(试品不同,时间有长短),显示窗口数据稳定,按下数据保持按钮,读取数据。

⑧数据读取完后,按下数据保持按钮,使之弹起。

⑨按下放电按键,对试品进行放电。

⑩重复第三步,直至一次、二次侧各个绕组直流电阻数据全部测出。

⑪关闭电源开关,拔下电源线。

⑫拆除试验接线,清理场地。

6.6.4　注意事项

①变更试验或试验结束要先拉开电源并充分放电以免反电动势伤人。

②测量时电压线和电流线应尽量与被测绕组端子可靠连接,去除氧化层或脏污、减少测量误差,等电流稳定之后,才能读取数据。

③为了与以前的数据比较,应将不同温度下测得的电阻换算到同一温度。

④测量过程中,不能随意切断电源及拉掉测量引线,否则互感器绕组所具有的较大电感将产生很高的反电势,对试验人员和设备有一定危险。

⑤断开板面上的电源开关,并明显断开 220 V 试验电源,才能进行试验更改或结束工作。

6.6.5   试验数据

电流互感器试验报告						
试验地点:			试验日期:		温度: ℃	
铭牌	制造厂:		型号:		生产日期: 年 月	
	出厂序号:		额定容量: kV·A		变比:	
	额定电压:		额定电流:		相别:	
	准确度等级:		结构形式:			

试验项目
电流互感器直流电阻测量

试验名称:一次绕组直流电阻/Ω

绕组	相别			出厂值	结论
	A	B	C		
1s1-1s2					
2s1-2s2					

试验名称:二次绕组直流电阻/Ω

绕组	相别			出厂值	结论
	A	B	C		
1s1-1s2					
2s1-2s2					
3s1-3s2					

使用仪器:

6.6.6   试验结果分析

规程规定:

①一次绕组直流电阻测量值,与换算到同一温度下的出厂值比较,相差不宜大于 10%。

②二次绕组直流电阻测量值,与换算到同一温度下的出厂值比较,相差不宜大于 15%。

项目 7

绕组变比测量

任务 7.1 绕组变比测量目的学习

绕组变比测量的主要目的是确定变压器或互感器的输入侧(原侧)和输出侧(副侧)之间的电压或电流比例关系。这个比例关系通常称为变压器的变比(变压比),通常表示为 N_1/N_2;其中,N_1 是输入侧的绕组匝数,N_2 是输出侧的绕组匝数。

通过测量绕组变比,可以发现变压器或互感器是否存在问题。如变压器或互感器的绕组变比测量可以实现以下目的。

(1)确认变压器或互感器的额定比率

变压器或互感器的设计和性能评估依赖于正确的变比。通过测量绕组变比,可以验证变压器或互感器是否符合其额定变比,这对于确保设备正常运行至关重要。例如,一个变压器被设计为用于将高电压(低电流)转换为低电压(高电流),则其变比必须正确才能保证预期的电气性能。

(2)诊断和评估变压器或互感器的健康状态

变比测量也用于评估变压器或互感器的健康状态。变比偏离额定值可能表明变压器或互感器中存在故障,如绕组间短路、匝间短路或绝缘损坏等。通过定期测量变比,可以及时发现潜在的问题,从而进行预防性维护或修复,以避免设备损坏或故障。

(3)确认变压器的接线配置

在安装维修变压器或互感器时,确保输入和输出侧连接正确至关重要。通过测量变比,可以确认变压器或互感器绕组的连接方式,以便正确地接入电力系统,并确保电压和电流的正常传递。

(4)评估电力系统的适配性

变比测量还有助于评估电力系统中不同电压等级之间的适配性。例如,在变电站中,变比测量可以确保变压器在输电过程中转换电压的精确性,以满足各种负载和网络要求。

（5）设备运行稳定性

通过定期的绕组变比测量,可以检测和评估变压器在运行过程中的变化。任何不正常的变比偏差都可能暗示着绕组的绝缘老化、短路或其他潜在问题。及时发现这些问题并进行修复,可以避免设备损坏或因故障引发的停机时间,从而保障电力系统的连续供电能力。

（6）能效评估与优化

正确的变比设计可以确保电能在输电过程中尽可能地少损失,从而提高能源的利用效率。通过绕组变比测量,可以验证变压器或互感器在设计和运行中的实际能效表现,进而识别和纠正可能导致能量损失的因素。这对于优化电力系统的能效、减少能源浪费具有重要意义,特别是在面对现代电网对能源可持续性和节能要求日益增加的背景下。

（7）安全性与可靠性保障

变比测量是确保电力系统运行安全的重要手段之一。通过精确测量和确认变压器的变比,可以避免由于电压或电流异常而导致的设备过载或损坏,同时减少事故风险。特别是在大规模电力传输和分配系统中,精确的变比控制和监测有助于预防火灾、电弧闪络等安全问题的发生,从而提升整体电力系统的安全性和可靠性。

（8）规范遵循与技术标准

绕组变比测量不仅是电力设备运行管理的重要组成部分,也是符合行业标准和法规要求的必要措施。各国和地区的电力设备安全规范通常要求变压器或互感器的变比测量和记录,以确保设备在设计寿命内能够稳定、安全地运行。定期进行变比测量并建立准确的记录,有助于管理者和监管机构监控变压器运行状态,确保设备的长期可靠性和安全性。

总地来说,绕组变比测量不仅是电力系统维护管理中的关键一环,更是保障设备安全、提升能源利用效率、确保电力系统稳定运行的重要手段。科学有效地进行变比测量和分析,可以最大限度地延长变压器或互感器的使用寿命,提高设备的运行效率,从而为整体电力系统的可持续发展作出贡献。

任务 7.2　绕组变比测量设备知识学习

7.2.1　TY3263 全自动变比测试仪

（1）性能特点

①全自动测试:TY3263 能够实现全自动变比测试,无须手动干预,提高了测试的效率和精度。

②高精度测试:该测试仪具有较高的测试精度,能够准确测量电力变压器、互感器等设备的变比特性,保证测试数据的准确性。

③广泛适用性:适用于各种类型的电力变压器、电流互感器、电压互感器等设备的变比测试,具有较强的通用性。

④多功能操作:除了变比测试,TY3263还具备其他功能,如相位角测量、二次回路的接通测试等,体现了测试仪的多功能性。

⑤用户友好性:设备设计上注重用户体验,操作界面友好,具有操作简便、参数设置灵活等特点,便于工程师和技术人员进行操作和数据分析。

⑥数据处理能力强:配备数据存储和分析功能,能够存储大量测试数据,并支持数据导出和打印,便于生成测试报告和进行后续数据分析。

⑦稳定可靠:具备稳定性高、系统可靠的特点,能够长时间稳定运行,保证测试的一致性和可靠性。

(2)工作原理

TY3263全自动变比测试仪通过对电流和电压的精确测量和计算,实现对电力变压器、互感器等设备变比特性的自动化检测,确保测试结果的准确性和可靠性。TY3263全自动变比测试仪的工作原理可以简单概括如下:

①电气连接与测量:测试仪通过接线端子与待测的电力变压器、互感器等设备进行电气连接。一般情况下,测试仪需要接入主变压器的一侧作为输入(Primary side),另一侧作为输出(Secondary side),以测量输入侧和输出侧的电压和电流。

②信号采集与处理:TY3263会通过内置的电流互感器或外接的电流传感器采集输入侧和输出侧的电流信号。同时,利用内置的电压测量电路或外接的电压传感器,测量输入侧和输出侧的电压信号。

③数据计算与分析:测量到的电压和电流信号经过放大、滤波等处理后,通过计算得出输入侧和输出侧的电压和电流值。根据变压器的变比定义,即输出侧电压与输入侧电压之比,以及输出侧电流与输入侧电流之比,计算得出变比。

④变比测量:根据测量得到的电压比和电流比,计算出实际的变比值。这个变比值可以直接读取并显示在测试仪的屏幕上,或者通过接口传输到计算机等外部设备上进行记录和分析。

⑤自动化控制:TY3263是全自动化的测试仪器,因此整个过程包括数据采集、计算和结果显示都是自动完成的,无须用户手动干预。

⑥用户界面与操作:设备配备有用户友好的操作界面,可以进行参数设置、数据查询、报告生成等操作,方便工程师和技术人员使用和管理测试数据。

(3)面板布置

各部件(图7.1)说明如下:

①打印机:前换纸型中文打印机,用于测试数据的打印。

②液晶显示器:以中文方式显示菜单及测试结果。

③"取消""返回"按钮:测试过程中参数设置错误,按下此按钮,返回重新设置。

④"↑""↓""→""←"按钮:修改参数设定窗口的参数。

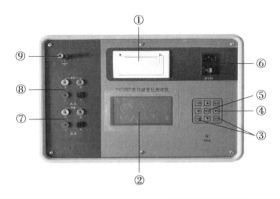

图 7.1 TY3263 全自动变比测试仪面板布置

⑤"确认"按钮:参数设定后,按下此按钮,确定设置参数。

⑥电源插座:接 220 V 市电,该插座内含保险丝盒,本仪器安装 1 A 保险丝。

⑦低压侧端子:三相插头与三相线夹相接,测量试品低压侧的三相电压。

⑧高压侧端子:三相插头与三相线夹相接,对试品输出三相电源。

⑨接地端子:为保障操作者的安全及仪器正常工作,使用前应将该接地端子可靠接地。

(4) **基本操作**

基本操作 TY3263 全自动变比测试仪通常包括以下步骤:

①准备工作:确保设备和待测设备(如电力变压器、互感器等)已经正确连接,并接通电源。

②开机:按下电源按钮,启动测试仪。通常可以在显示屏上看到设备的开机界面和初始化过程。

③设置参数:使用设备上的操作按钮或旋钮,进入参数设置菜单。一般需要设定待测设备的额定电压、电流参数,以便测试仪能够正确进行变比测试。

④连接待测设备:将待测设备的输入端和输出端分别连接到测试仪的相应测量接口。确保连接正确,避免由连接错误导致的测试失败或设备损坏。

⑤启动测试:设置好参数后,确认无误后启动测试。根据设备的设计,可以通过按钮或菜单选择开始测试。测试仪将自动采集输入输出侧的电压和电流数据,并计算变比。

⑥观察测试结果:在测试过程中,可以实时在显示屏上观察到当前的测试参数、进度和计算结果。确保数据在正常范围内,并记录必要的数据。

⑦停止测试:测试完成后,根据需要停止测试,可以选择停止按钮或通过菜单操作停止测试过程。

⑧数据处理:测试完成后,可以选择导出测试数据到外部设备(如计算机)进行进一步分析和存档。一些设备可能支持直接打印测试报告或保存数据文件。

⑨关闭设备:在确认测试任务完成后,按下电源按钮关闭测试仪,断开待测设备的连接,并进行设备的清理和维护工作(如有需要)。

(5) **测试方法**

使用 TY3263 全自动变比测试仪进行变比测试的方法可以概括如下:

①准备工作:确保测试仪器和待测设备已经连接并供电。根据待测设备的额定参数设置

测试仪的电压和电流测量范围。

②连接待测设备:将待测设备的输入端和输出端分别连接到测试仪的相应测量接口。确保连接正确无误,避免测试过程中出现问题。

③设定测试参数:在测试仪的操作界面或控制面板上,设定待测设备的额定电压和电流参数。这些参数通常可以在待测设备的铭牌或技术文件中找到。

④开始测试:确认参数设置无误后,启动测试仪的自动测试程序。测试仪将会自动进行电流和电压的测量,并计算输入端和输出端的变比。

⑤观察测试结果:在测试过程中,可以实时在测试仪的显示屏上观察到当前的测试数据和变比结果。确保数据在合理的范围内,以确保测试的准确性和稳定性。

⑥记录数据:在测试过程中,可以选择记录关键的测试数据,如输入输出侧的电压、电流值,以及计算得出的变比值。这些数据将用于后续的分析和报告生成。

⑦结束测试:当所有必要数据都已经收集完毕并确认准确无误后,停止测试仪的运行。断开待测设备的连接,完成测试任务。

⑧数据处理和报告:将测试仪存储的数据导出到计算机或其他设备上进行进一步数据分析和处理。根据需要,编写测试报告,记录测试的结果和结论。

(6)其他注意事项

除了上述详细的测试方法外,进行变比测试时还应注意以下几点:

①安全性:确保在测试过程中符合安全操作规程,特别是涉及高电压或高电流的测试。避免触电和设备损坏的风险。

②环境条件:测试应该在适当的环境条件下进行,确保温度、湿度等环境参数不会影响测试结果的准确性。

③数据记录与处理:确保所有测试数据都得到记录并妥善保存,以备后续分析和证明使用。数据应该包括测试前后的设备状态、环境条件以及测试仪器的校准情况等。

④设备状态:在测试之前检查待测设备的状态,确保设备本身没有损坏或者存在问题,以免影响测试结果的准确性。

⑤遵循操作手册:严格按照测试仪器的操作手册进行操作,尤其是参数设定、接线方式、测量范围的选择等步骤,确保正确完成测试。

⑥解释测试结果:对于得到的变比测试结果,应该能够正确解释和分析。理解变比是否在设备设计要求的范围内,并识别任何异常或不一致的情况。

⑦报告撰写:根据测试结果撰写清晰、详细的测试报告,包括测试的目的、方法、结果和结论等内容。确保报告可以作为日后参考的文档。

⑧设备维护:完成测试后,及时对测试仪器和待测设备进行维护和清洁,确保设备长期可靠运行。

7.2.2 TY8603 全自动互感器综合测试仪

(1)性能特点

①功能全面,既满足各类 CT(如保护类、计量类、TP 类)的励磁特性(即伏安特性)、变比、

极性、二次绕组电阻、二次负荷、比差以及角差等测试要求,又可用于各类 PT 电磁单元的励磁特性、变比、极性、二次绕组电阻、比差以及角差等测试。

②自动给出拐点电压/电流、10%(5%)误差曲线、准确限值系数(ALF)、仪表保安系数(FS)、二次时间常数(Ts)、剩磁系数(Kr)、饱和及不饱和电感等 CT、PT 参数。

③测试各类互感器参数,并依照互感器类型和级别自动选择对应标准进行测试。

④基于先进的低频法测试原理,能应对拐点高达 45 kV 的 CT 测试。

⑤界面友好美观,全中文图形界面。

⑥装置可存储 2000 组测试数据,掉电不丢失。试验完毕后用 U 盘存入 PC 机,用软件进行数据分析,并生成 WORD 报告。

⑦测试简单方便,一键完成 CT 直阻、励磁、变比和极性测试,而且除了负荷测试外,CT 其他各项测试都是采用同一种接线方式。

⑧易于携带,装置质量<9 kg。

(2)面板说明

装置面板结构如图 7.2 所示。

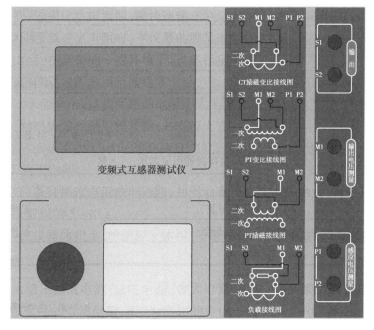

图 7.2　装置面板结构

①S1、S2 端子:试验电源输出。

②M1、M2 端子:输出电压回测。

③P1、P2 端子:感应电压测量端子。

④旋转鼠标:输入数值和操作命令。

⑤液晶显示屏:中文显示界面。

⑥打印机:打印测试报告。

（3）技术参数

TY8603 全自动互感器综合测试仪		
测试用途	保护类 CT，保护类 PT	
输出	0~180 Vrms，12 Arms，18 A（峰值）	
CT 变比测量	范围	1~40 000
	精度	±0.2%
PT 变比测量	范围	1~40 000
	精度	±0.2%
相位测量	精度	±5 min
	分辨率	0.5 min
二次绕组电阻测量	范围	0~300 Ω
	精度	2%±2 mΩ
交流负载测量	范围	0~1 000 VA
	精度	2%±0.2 VA
输入电源电压	AC 220 V±10%，50 Hz	
工作环境	温度：-10~50 ℃，湿度：≤90%	
尺寸、质量	尺寸 340 mm×300 mm×150 mm　质量<9 kg	

（4）注意事项

①勿将仪器置于不平稳的平台或桌面上以防仪器跌落受损。

②仪器侧面的风扇、通风孔为通风散热而设，为保证仪器正常工作，请勿堵塞。

③仪器是精密电子仪器，在室外使用时应注意防止烈日暴晒等高温环境，注意做好遮挡烈日及通风工作，以防仪器过热导致测量精度下降。

④作为安全措施，该仪器配有保护接地端子，试验前应将装置侧面的接地端子可靠接地。

⑤装置工作电源为 220 V（50/60 Hz）交流电源，应选用 10 A 及以上的电源线。

⑥不要让任何异物掉入机箱内，以免发生短路。

任务 7.3　变压器绕组变比测量

7.3.1　试验目的

变压器绕组变比测量的主要目的是确保变压器的电气性能符合设计要求，具体包括以下几个方面：

①确认变比是否符合设计要求：变比测试可以验证变压器的各个绕组之间的变压比是否与设计要求相符。这是确保变压器能够在正常运行情况下提供正确电压输出的重要步骤。

②检测绕组间的接线情况:通过变比测试可以检测到绕组之间的接线情况,包括可能存在的短路、开路或者连接不良等问题。这些问题可能会导致电压输出不稳定或者变压器故障。

③评估绕组绝缘质量:变比测试也可以间接评估变压器绕组的绝缘质量。异常的变比可能暗示绕组之间存在绝缘问题,需要进一步的绝缘测试来确认。

④验证变压器的相性:在三相变压器中,变比测试可以用来验证各相之间的相性,即确保变压器的各相变比是相匹配的,从而保证电力系统中的平衡负载和正常运行。

⑤预测变压器性能:变比测试的结果可以用于评估变压器的整体性能和长期可靠性。通过监测变比的变化情况,可以及时发现变压器可能出现的问题或者衰退趋势,采取预防性维护措施。

7.3.2　试验设备

TY3263 全自动变比测试仪一台。

7.3.3　试验步骤

①将接地线一端夹在地网上,一端可靠地接于面板的接地端子上。

②将两根测试电缆线夹插头分别插入仪器面板的高压和低压插座孔中。

③将测量高压绕组 A、B、C 三相的电缆夹子,夹在变压器高压侧出线端;将测量低压绕组 a、b、c 三相的电缆夹子,夹在变压器低压侧 a、b、c 出线端。

④插上电源插头,合上电源开关。

⑤测试仪器操作。

a.打开电源仪器液晶窗口显示如下:

```
TY3263 全自动变比测试仪
05.12.13.　10：31：12
保定腾远电力科技有限公司
提示:按"确认"修改时间
```

仪器开机显示初始窗口,中间显示仪器内部时钟的时间。如果显示不正确,按"确认"键修改时钟。如果正确请等待大约 10 s 后进入主菜单测试。

b.时钟修改窗口如下:

```
　　设置时间
　日期　　时间
05.12.13.　10：13

提示:按"确认"保存修改结果
```

使用"↑""↓""→""←"键修改时钟,修改完成后按"确认"键保存修改结果,如果放弃修改结果请按"取消"。

c.程序主菜单,按复位键出现主菜单如下:

参数设定
变比测试
打印结果
显示数据
保存数据
恢复数据
提示:按"确认"×××××××××××

液晶窗口显示6种功能菜单,当前选中的功能反白显示,最下一行提示如何执行这种功能。用"↑""↓"选择要执行的功能。

d.参数设定。

e.按复位键回主菜单选择"参数设定",按"确定"进入参数设定画面如下:

相数 3 组别 Y/Y 相序 12
总分接数度 15 有效分接数 15
每级高压 1.50% 额定分接 8
高压 110 kV 低压 10 kV
Z 型连接 额定变比 11.0
提示:按"确认"键保存铭牌参数

根据变压器铭牌使用"↑""↓""→""←"键修改参数设定窗口的参数。

上述参数中组别 Y/Y 与 Z 型连接自动关联,选中一个另一个自动消失,即只能有一种组别连接方式。当选了 Z 型连接后,再按"↑""↓"确定 Z/Y 或 Z/△ 等。注意以下几点:总分接数是指变压器铭牌上标出的总的分接数。有效分接数是指实际变压器共有多少个调压级别。有的变压器铭牌标明是 19 个分接位,其中 9,10,11 分接变比值相同。因此有效分接位为 17,额定分接位是 10。

高压和低压位置输入额定分接位的高压和低压电压值。当光标刚移动到高压和低压输入位置时可以用"↑""↓"键输入电力变压器的常用电压等级值(500 kV-220 kV-110 kV-35 kV-10 kV-6 kV-0.4 kV,这是为减少操作而在仪器内预存的)。输入完成后按"确认"键保存数据,如果不需要保存按"取消"键。

f.变比测试。

按复位键回主菜单选"变比测试"进入如下所示测试画面。执行变比测试后,仪器首先进行电源自检,然后探测外部接线是否正常。如果仪器内部电源故障或者外部高低压接反、高压短路仪器会自动提示。如果探测正常则仪器进入变比测试窗口。

分接位 01 极性-
提示:按"确认"开始测试

使用"↑""↓"改变分接位的数值,如果这个分接位已经测试过,则显示这个分接位的变比值和误差。如果没有测试过则显示空。按"确认"键开始测试这个分接位的变比,经过约60 s,数字屏界面右上方显示出的是变压器的接线组别,数字屏界面左侧的四位数字则显示的是变压器的变比误差(%),记录测试结果。

⑥对试品进行放电。

⑦调节变压器分接头。重复第③—⑥步,直至所有分接头调节后数据全部测出。关闭电源开关,拔下电源线。

⑧拆除试验接线,清理场地。

注意:进行单相变压器变比测试时,应使用仪器的 A、B、a、b 这 4 个接线柱进行测试。

7.3.4 注意事项

①变更试验或试验结束时要先拉开电源并充分放电以免反电动势伤人。

②测量时接线应尽量与被测绕组端子可靠连接,等稳定之后,才能读取数据。

③测量过程中,不能随意切断电源及拉掉测量引线,否则变压器绕组所具有的较大电感将产生很高的反电势,对试验人员和设备造成伤害。

④断开板面上的电源开关,并明显断开 220 V 试验电源,才能进行试验更改或结束工作。

7.3.5 试验数据

设备名称				
1.设备参数				
型号		额定容量/kVA		/
额定电压/kV	/	额定电流/A		/
接线组别		冷却方式		
短路阻抗/%		空载电流/%		
额定频率/Hz		相数		
产品编号		出厂日期		
制造厂家				

分接开关位置	高压/低压			
	计算变比	AB/ab 误差/%	BC/bc 误差/%	CA/ca 误差/%
I				
II				
III				
IV				
V				

试验环境	环境温度: ℃,湿度: %		
试验设备	试验仪器及仪表名称、规格、编号		
试验人员		试验日期	年 月 日

7.3.6 试验结果分析

规程规定：

35 kV 以下变压器,变比大于 3 时,变压器变比误差需小于±0.5%。变比小于等于 3 时,变压器变比误差需小于±1%。

任务 7.4 电流互感器绕组变比测量

7.4.1 试验目的

电流互感器(CT)的绕组变比测量是为了确保其输出信号与实际电流之间的精确比例关系。主要目的如下:

①验证电流测量准确性:确保电流互感器输出的电流信号与实际电流的比例关系准确无误。这对于确保电力系统的监控和控制功能至关重要,尤其是在保护设备和负载管理方面。

②确认设备符合规格:变比测量能够验证电流互感器是否符合制造商规定的变比范围。这是评估设备是否在设计工作范围内正常运行的重要步骤。

③检测互感器偏差:通过变比测量可以检测互感器输出是否存在任何偏差或非线性,以及在整个工作范围内的稳定性。这些信息对于评估互感器的性能和精度至关重要。

④定期维护和校准:变比测量是定期维护和校准电流互感器的一部分。通过定期测量,可以确保互感器的长期稳定性和可靠性,减少系统故障的风险。

⑤数据一致性:确保不同电流互感器的输出变比在同一标准下一致,以便在系统中进行数据分析和比较。这有助于确保电力系统的一致性和可靠性。

7.4.2 试验设备

TY8603 全自动互感器综合测试仪一台。

7.4.3 试验步骤

①试验接线。

试验接线步骤如下:

第一步:根据表 7.1 描述的 CT 试验项目说明,依照图 7.3 进行接线。

表 7.1 CT 试验项目说明

电阻	励磁	变比	负荷	说明	接线图
√		√		测量 CT 的二次绕组电阻,检查 CT 变比和极性	图 7.3
√	√	√		测量 CT 的二次绕组电阻、励磁特性,检查 CT 变比和极性	图 7.3

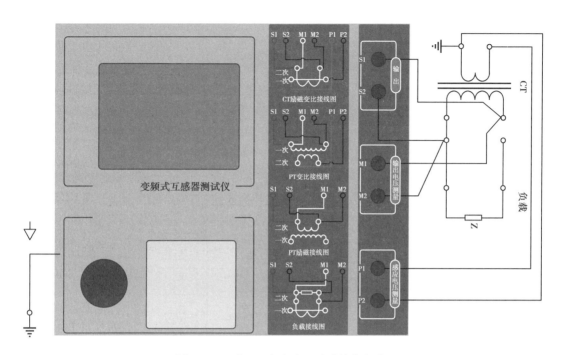

图 7.3　CT 直阻、励磁、变比试验接线方式

第二步:同一 CT 其他绕组开路,CT 的一次侧一端要接地,设备也要接地。

第三步:接通电源,准备参数设置。

②参数设置。

试验参数设置界面分别如图 7.4 所示。

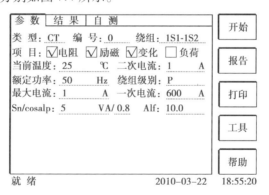

图 7.4　基本参数设置界面

在参数界面,用旋转鼠标切换光标到互感器类型栏,选择互感器类型为电流互感器。

参数设置步骤如下:

用旋转鼠标切换光标到要设置的参数位置。

a.线路号、相别、CT 编号、绕组号:可输入字母和数字,默认保存的报告文件名为"CT_线路号_相别_CT 编号_绕组号.."。

b.额定二次电流:电流互感器二次侧的额定电流,一般为 1 A 和 5 A。

c.级别:被测绕组的级别,对于 CT,有 P、TPY、计量、PR、PX、TPS、TPX、TPZ 等 8 个选项。

d.当前温度:测试时绕组的温度,一般可输入测试时的气温。

e.额定功率:可选值为 50 Hz 或 60 Hz。

f.最大测试电流:一般可设为额定二次电流值,对于 TPY 级 CT,一般可设为 2 倍的额定二次电流值。对于 P 级 CT,假设其为 5P40,额定二次电流为 1 A,那么最大测试电流应设 5%×40×1 A＝2 A;假设其为 10P15,额定二次电流为 5 A,那么最大测试电流应设 10%×15×5 A＝7.5 A。

③选择右边的"开始"按钮进行试验。

试验结果页如图 7.5 所示。

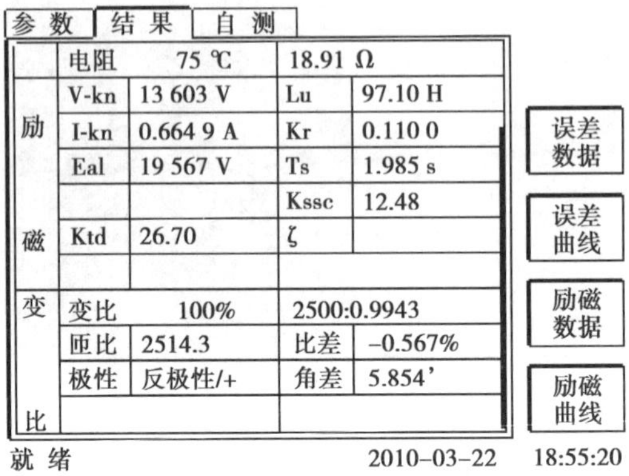

图 7.5　试验结果界面

④测试结束后,断开电源,对试品进行放电。

7.4.4　注意事项

①变更试验或试验结束时要先拉开电源并充分放电以免反电动势伤人。

②测量时接线应尽量与被测绕组端子可靠连接,等稳定之后,才能读取数据。

③测量过程中,不能随意切断电源及拉掉测量引线,否则变压器绕组所具有的较大电感将产生很高的反电势,对试验人员和设备造成伤害。

④断开板面上的电源开关,并明显断开 220 V 试验电源,才能进行试验更改或结束工作。

⑤剩余电荷会影响测量结果,测试前必须对互感器进行充分放电。

7.4.5　试验数据

设备名称			
设备参数			
型号		额定容量/(kV·A)	/
额定电压/kV	/	额定电流/A	/
额定频率/Hz		相数	
产品编号		出厂日期	
制造厂家			

续表

试验环境	环境温度：　℃,湿度：　%		
试验设备	试验仪器及仪表名称、规格、编号		
试验人员		试验日期	年　月　日

7.4.6　试验结果分析

根据规程进行试验结果分析(表 7.2)。

表 7.2　试验结果分析

准确度级别	比值误差(±)					相位误差(±)				
	倍率因数	额定电流下的百分数值				倍率因数	额定电流下的百分数值			
		5	20	100	120		5	20	100	120
0.5	%	1.5	0.75	0.5	0.5	(′)	90	45	30	30
0.2		0.75	0.35	0.2	0.2		30	15	10	10
0.1		0.4	0.2	0.1	0.1		15	8	5	5
0.05		0.10	0.05	0.05	0.05		4	2	2	2
0.02		0.04	0.02	0.02	0.02		1.2	0.6	0.6	06
0.01		0.02	0.01	0.01	0.01		0.6	0.3	0.3	0.3
0.005	10^{-5}	100	50	50	50	10^{-5}(rad)	100	50	50	50
0.002		40	20	20	20		40	20	20	50
0.001		20	10	10	10		20	10	10	10

注:1.额定二次电流 5 A,额定负荷 7.5 V·A 及以下的互感器,下限负荷由制造厂规定;制造厂未规定下限负荷的,下限负荷为 2.5 V·A。

2.额定负荷电阻小于 0.2 Ω 的电流互感器下限负荷为 0.1 Ω。

3.制造厂规定为固定负荷的电流互感器,在固定负荷的±10%范围内误差应满足本表要求。

任务 7.5　电压互感器绕组变比测量

7.5.1　试验目的

电压互感器(PT)的变比测量试验旨在验证其输出电压与输入电压之间的实际变比。具体的试验目的包括:

①确认变比准确性:确定电压互感器在额定输入电压条件下的输出电压与理论变比之间的差异。这有助于评估互感器在不同负载条件下的表现,以及在实际操作中是否符合设计要求。

②验证性能规范:根据制造商的技术规范和标准(如 IEC、IEEE 等),进行变比试验以确

认电压互感器在额定负载和过载条件下的性能是否达标。这包括在额定负载下的输出准确性、响应时间以及过载时的短期和长期稳定性。

③检测故障和损坏:变比试验有助于检测电压互感器可能存在的故障或损坏情况,如内部绕组接触问题、短路、绝缘损坏等。通过比较实测的变比与设计值,可以迅速识别出潜在的性能下降或损坏部件。

④系统调整和校正:在电力系统安装或维护期间,变比试验可以用来调整和校正电压互感器,以确保其在接入系统时输出正确的电压信号。这对于系统的稳定运行和保护设备的正常操作至关重要。

⑤数据记录和报告:完成变比试验后,应记录所有关键数据,包括输入电压、输出电压、测试条件和环境参数等。这些数据可以作为后续评估、比较和系统运行分析的基础,并形成正式的测试报告。

7.5.2 试验设备

TY8603 全自动互感器综合测试仪一台。

7.5.3 试验步骤

①试验接线。试验接线步骤如下:

a.根据表 7.3 描述的 PT 试验项目说明,依照图 7.6 进行接线。

表 7.3 PT 试验项目说明

电阻	励磁	变比	说明	接线图
		√	检查 PT 变比和极性	图 7.6

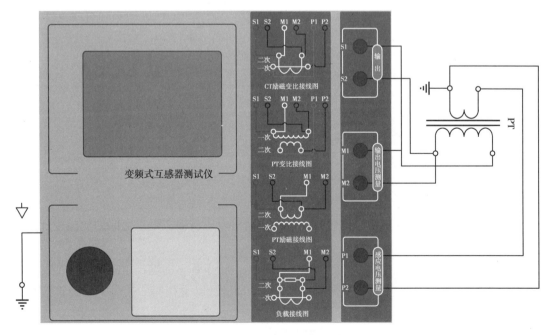

图 7.6 PT 变比、极性试验接线方式

b.同一 PT 其他绕组开路。

c.接通电源,准备参数设置。

②参数设置。

PT 的试验参数设置界面如图 7.7 所示。

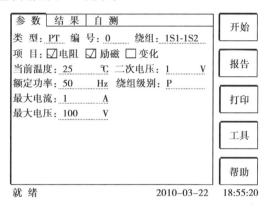

图 7.7　PT 参数设置界面

在参数界面,用旋转鼠标切换光标到互感器类型栏,选择互感器类型为电压互感器。

参数设置步骤如下:

用旋转鼠标切换光标到要设置的参数位置。

a.线路号、相别、PT 编号、绕组号可输入字母和数字。

b.额定二次电压:电压互感器二次侧的额定电压。

c.级别:被测绕组的级别,有 P 级选项。

d.当前温度:测试时绕组温度,一般可输入当时的气温。

e.额定频率:可选值为 50 Hz 或 60 Hz。

f.最大测试电压:试验时设备输出的最大工频等效电压。

g.最大测试电流:试验时设备输出的最大交流电流。

③选择右边的开始按钮进行试验。

④试验结果。

试验结果页,如图 7.8 所示。

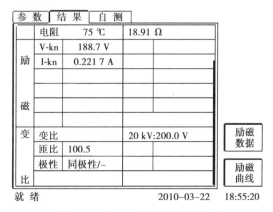

图 7.8　P 级 PT 的试验结果界面

⑤测试结束后,断开电源,对试品进行放电。

7.5.4 注意事项

①变更试验或试验结束时要先拉开电源并充分放电以免反电动势伤人。

②测量时接线应尽量与被测绕组端子可靠连接,等稳定之后,才能读取数据。

③测量过程中,不能随意切断电源及拉掉测量引线,否则变压器绕组所具有的较大电感将产生很高的反电势,对试验人员和设备造成伤害。

④断开板面上的电源开关,并明显断开220 V试验电源,才能进行试验更改或结束工作。

⑤剩余电荷影响测量结果,测试前必须对互感器进行充分放电。

7.5.5 试验数据

设备名称				
设备参数				
型号			额定容量/(kV·A)	/
额定电压/kV		/	额定电流/A	/
额定频率/Hz			相数	
产品编号			出厂日期	
制造厂家				
试验环境	环境温度: ℃,湿度: %			
试验设备	试验仪器及仪表名称、规格、编号			
试验人员			试验日期	年 月 日

7.5.6 试验结果分析

根据规程进行试验结果分析(图7.9)。

准确级	电压(比值)误差 ε_r	相位误差 φ_w	
	±1%	±(′)	±crad
0.1	0.1	5	0.15
0.2	0.2	10	0.3
0.5	0.5	20	0.6
1.0	1.0	40	1.2
3.0	3.0	不规定	

注:1.φ_w的正常值应为零。但在电子式电压互感器必须与其他电子式电压互感器或电子式电流互感器组合使用时,为了具有一个公共值,可以规定其他值。

2.延迟时间的影响见C.5.1。

图7.9 试验结果分析

项目 **8**
断路器动作时间特性测量

任务 8.1 断路器动作时间特性测量目的学习

断路器动作时间特性测量的主要目的是评估断路器在不同工作条件下的动作性能,以确保其在电力系统中可靠运行。具体来说,这种测量通常包括以下几个方面的目的:

①性能验证:确保断路器在正常工作条件下的动作时间符合设计要求和制造商的规定。这是确保电网故障时断路器能够迅速、可靠地切断电路,防止故障扩展和保护电网设备的重要保障。

②保护系统可靠性:通过测量断路器的动作时间特性,验证其与保护系统的配合情况。保护系统需要准确知道断路器的动作时间,以便合理地协调保护装置的动作顺序,从而最大程度地减少故障造成的损失。

③设备运行安全性:确保断路器在各种负载和故障条件下的动作时间稳定和可靠,以防止由动作时间不符合要求而导致的设备损坏或事故发生。动作时间测量有助于评估断路器的长期可靠性和稳定性。

④法规和标准要求:许多国家和地区的电力系统运营规程和标准要求对断路器的动作时间进行特定的测试和记录。断路器动作时间特性测量是确保符合这些法规和标准的重要手段。

⑤故障分析和改进:根据动作时间特性的测量结果,可以进行故障分析和断路器性能改进。如果动作时间超出预期范围,可能需要调整断路器的操作参数或进行维护检修,以提高其性能和可靠性。

总之,断路器动作时间特性测量的目的在于评估其在不同操作条件下的动作表现,以确保电力系统的安全运行和设备保护功能的有效实施。

任务 8.2　绕组变比测量设备知识学习

TY3263 全自动变比测试仪

（1）性能特点

断路器动作时间特性测试仪是专门用于测量和评估断路器动作时间特性的设备。其性能特点通常包括以下几个方面：

①高精度测量：具有高精度的时间测量能力，通常能够以毫秒级或微秒级精度测量断路器的动作时间。这对评估断路器在不同条件下的快速响应和动作特性至关重要。

②广泛适用性：设计灵活，能够适应不同类型和规格的断路器，包括高压断路器和低压断路器。它可以用于测量空气断路器、真空断路器、SF6 断路器等不同工作介质的断路器。

③多功能性：通常具备多种测量模式和功能，可以测量断路器的动作时间、动作次数、回路阻抗等。一些先进的测试仪还可能包含特殊功能，如波形分析、故障录波功能等。

④操作简便：设备操作界面通常设计简单直观，使用便捷。操作人员可以通过触摸屏或者直观的按钮控制来设置测试参数和启动测量。

⑤数据记录和分析：能够记录详细的测量数据，包括动作时间、测试条件、测试日期等信息。这些数据可以导出进行进一步分析，如生成报告、比较不同断路器的性能等。

⑥安全性和可靠性：作为用于高压设备的测试仪器，安全性和可靠性是至关重要的。测试仪器设计应符合相关的安全标准，并具备保护措施，如过压保护、短路保护等，以确保操作人员和设备的安全。

⑦符合标准和规范：其设计应符合国际标准和行业规范，如 IEC 标准等，确保测试结果的准确性和可比性。

（2）面板显示

面板显示如图 8.1 所示。

①保护接地：与大地相连接，保护仪器与人身安全。

②传感器：速度传感器的信号输入。

③内触发：仪器内提供的合分闸控制电源接口。

④外触发：使用外触发方式时，直接并接到分、合线圈两端，取线圈上电信号作为同步信号。

⑤USB 接口：用于导出试验数据以及仪器软件升级。

⑥电源插座：用于引入 AC 220 V 电源，给仪器供电。

⑦仪器开关：用于执行仪器开机/关机操作。

⑧液晶显示屏：大屏幕、宽温带、背景光液晶、全中文显示所有数据及图谱。

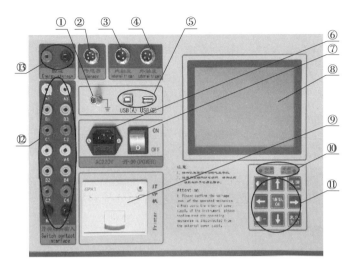

图 8.1　面板显示

⑨打印机:打印测试报告及图谱。

⑩分合闸指示灯:分别指示分闸与合闸操作。

⑪按键:

← →:左、右移动光标;

↑ ↓:上下移动光标或增、减当前光标处数值;

确认:选择当前菜单或确认操作;

返回:返回上级菜单或取消操作;

复位:仪器复位,恢复初始待机状态。

⑫A1······C4:12 路断口时间测量通道。

⑬储能接口:仪器机内提供的直流储能电源 DC 0~270 V 可调。

(3) 注意事项

进行断路器动作时间测试时应注意以下几点:

①安全性:确保在测试过程中符合安全操作规程,避免触电和设备损坏的风险。

②数据记录与处理:确保所有测试数据都得到记录并妥善保存,以备后续分析和证明使用。数据应该包括测试前后的设备状态、环境条件以及测试仪器的校准情况等。

③设备状态:在测试之前检查待测设备的状态,确保设备本身没有损坏或者存在问题,以免影响测试结果的准确性。

④遵循操作手册:严格按照测试仪器的操作手册进行操作,尤其是参数设定、接线方式、测量范围的选择等步骤,确保正确完成测试。

⑤解释测试结果:对于得到的测试结果,应该能够正确解释和分析。

⑥报告撰写:根据测试结果撰写清晰、详细的测试报告,包括测试的目的、方法、结果和结论等内容。确保报告可以作为日后参考的文档。

⑦设备维护:完成测试后,及时对测试仪器和待测设备进行维护和清洁,确保设备长期可靠运行。

任务8.3 断路器动作时间特性测量

8.3.1 试验目的

①熟悉10 kV真空断路器的技术参数。

②掌管其储能、合闸、分闸操作过程。

③利用断路器动作时间特性测试仪测量得到合闸、分闸的相关数据。

8.3.2 试验设备

断路器动作时间特性测试仪一台。

8.3.3 试验步骤

(1)准备工作

检查设备和工具:确保测试仪器、测试接线、传感器等设备完好无损,并处于校准状态。

确认断路器类型和参数:了解断路器的型号、额定电流、电压等技术参数,确认断路器处于可测试状态。

(2)安全准备

安全措施:根据现场安全要求,佩戴必要的个人防护装备(如绝缘手套、安全眼镜等)。

工作环境:确保测试场地安全,远离可能的危险源。

(3)接线和配置

连接测试仪器:根据测试仪器的要求,将测试仪器的传感器和接线正确连接到断路器的测试接点。通常连接包括主电路和触发线路,如图8.2、图8.3所示。

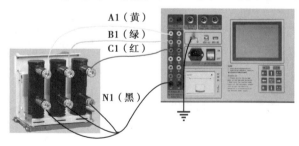

图8.2 断路器接线图

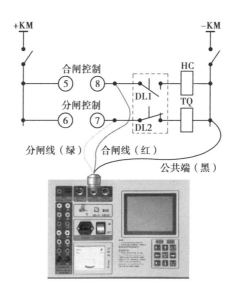

图 8.3　内触发接线

校准测试仪器：如果需要，进行测试仪器的校准，确保其测量精度符合要求。

（4）设置测试条件

设定触发条件：根据断路器的设计规格和测试要求，设定触发条件，电流、电压、时间延迟等。

（5）执行动作时间测量

启动测试：通过测试仪器的操作界面或控制面板，启动动作时间测量程序。

触发断路器：在设定的触发条件下，触发断路器，记录断路器的动作时间。

（6）数据分析和记录

测量数据：记录动作时间测量的详细数据，包括触发条件、实际动作时间、环境条件等。

（7）清理和维护

设备维护：清理和维护测试仪器和相关设备，确保其状态良好并妥善存放。

撤离现场：清理测试现场，撤除测试设备，确保现场安全和整洁。

8.3.4　注意事项

①测试过程中应严格遵守相关的安全规范和操作规程。确保测试人员和周围人员的人身安全，使用必要的个人防护装备。

②测试仪器正确连接到断路器的测试接点，并根据设备的要求进行正确的接线。错误的接线可能导致不准确的测量结果或设备损坏。

③设定正确的触发条件非常重要。这包括电流、电压等参数，确保符合断路器的额定工作条件和测试要求。

④为了确保结果的准确性和一致性，可能需要多次重复测试。这有助于排除偶然因素和误差，得出更可靠的动作时间数据。

⑤测试时要注意环境条件,如温度、湿度等因素可能会对断路器的性能产生影响。记录和报告测试时的环境条件是必要的。

⑥设备维护和清理:测试结束后,及时清理和维护测试仪器和设备,确保其状态良好并妥善存放,以备再次使用。

8.3.5　试验数据

设备名称			
1.设备参数			
型号		额定电压/kV	
额定电流/A		额定短路开断电流/kA	
额定短路关合电流/kA		合闸线圈电压/V	
分闸线圈电压/V		产品编号	
出厂日期		制造厂家	
2.试验依据《电力设备预防性试验规程》(DL/T 596—2021)			
3.分闸时间、合闸时间、弹跳时间及同期性			

	项目	A 相	B 相	C 相
合闸特性	合闸时间/ms			
	弹跳时间/ms			
	同期差/ms			
分闸特性	分闸时间/ms			
	同期差/ms			
试验环境	环境温度:　℃			
试验设备	试验仪器及仪表名称、规格、编号			
试验人员		试验日期	年　月　日	

8.3.6　试验结果分析

根据《电力设备预防性试验规程》(DL/T 596—2021)进行试验结果分析。

合闸特性	合闸时间/ms	≤60
	弹跳时间/ms	≤2
	同期差/ms	≤2
分闸特性	分闸时间/ms	≤45
	同期差/ms	≤2

附 录

附录 1   TE2020 变比组别全自动测试仪使用说明书

（1）概述

1）用途

TE2020 变比组别全自动测试仪能全自动测量单相、三相变压器,电压互感器、分接变压器等设备的变比、极性、组别等参数,并能自动计算出变比误差,是变比电桥的升级换代产品。

2）性能特点

①真正三相测试:单相电源输入,内部产生三相电源输出,测试结果具有更好的等效性,不会出现组别误判等现象。

②测量速度快。

③操作简单:无须选择接线方式,无须选择接线组别,测量Y／△、△／Y变压器无须外部短接,可根据选择的测试内容自动切换接线方式。

④分接测试:能快速测量在各分接开关位置的变比及变比误差,额定变比只需输入一次,不必反复输入就能计算出各分接位置的变比误差。

⑤保护功能完善:高压侧与低压侧测试接线反接能自动保护,并发出声光报警。

⑥现场检定:特别设计了软件修正功能,不需硬件调整就能实现精度修正,在各级电力试验研究部门均可现场检定。

⑦抗震性好:军品接插件的使用增强了抗震性能。

⑧携带方便:体积小,质量轻。

（2）技术特征

1）测量范围

变比:1~2 200。

组别:0~11。

2)测试准确度

仪器的测试准确度为:±(0.2%×读数+1 字)。

3)使用环境要求

环境温度:-10~40 ℃。

相对湿度:≤80%。

4)使用电源

电压:AC220 V±10%。

频率:(50±1)Hz。

5)主机结构形式与尺寸

形式:一体化便携式。

外形尺寸:长 350 mm×宽 280 mm×高 160 mm。

质量:4.5 kg(不含附件)。

(3)**面板布置**

1)面板示意图

TE2020 变比组别全自动测试仪面板布置,如附图 1.1 所示。

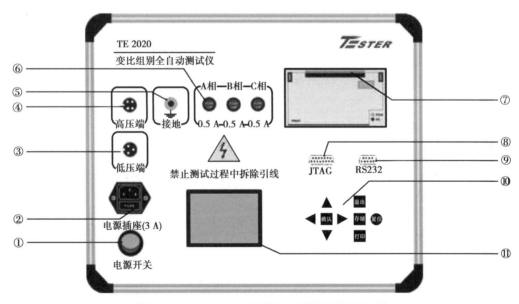

附图 1.1　TE2020 变比组别全自动测试仪面板布置

2)各部件说明

①电源开关:闭合该开关,仪器处于通电状态。

②电源插座:接 220 V 市电,该插座内含保险丝盒,本仪器应安装 3 A 保险丝。

③低压侧端子:三芯航插与三芯电缆航插线相接,测量试品低压侧的三相电压。

④高压侧端子:四芯航插与四芯电缆航插线相接,对试品输出三相电源。

⑤接地柱:为保障操作者的安全及仪器正常工作,使用前应将该接线端子可靠接地。

⑥高压侧三相保险:当输出短路或接线错误时会熔断保险起到保护仪器的作用。

⑦打印机:前换纸型中文打印机,用于测试数据的打印。

⑧JTAG 在线编程接口。

⑨RS232 计算机接口。

⑩触摸按键。

⑪液晶显示器:以中文方式显示菜单及测试结果。

3)按键说明

"↑""↓""←""→"	光标的上下、左右移动键及数字的加减
"确认"	确认选择内容
"退出"	退出当前菜单
"存储"	存储所测量的数据
"打印"	打印测量的数据
"复位"	复位到开机状态

(4)页面说明

1)开机页面

TE2020 变比组别全自动测试仪开机页面,如附图 1.2 所示。

①在此页面最下一行显示为系统当前的日期和时间,该日期和时间可被修改,具体操作详见"8)日期时间设置页"。

②按"确认"键进入主菜单。

2)主菜单

TE2020 变比组别全自动测试仪主菜单如附图 1.3 所示。

附图 1.2　TE2020 变比组别　　　　　附图 1.3　TE2020 变比组别
全自动测试仪开机页面　　　　　　　全自动测试仪主菜单

①按"↑""↓"键,光标上下移动。

②选择"1.单相测试",按"确认"键进入单相变压器测试,具体操作详见"3)单相测试页"。

③选择"2.三相测试",按"确认"键进入三相变压器测试,具体操作详见"4)三相测试页"。

④选择"3.分接测试",按"确认"键进入带分接开关测试,具体操作详见"5)带分接开关测试页"。

⑤选择"4.更多功能"按"确认"键进入参数设置项,具体操作详见"6)更多功能页"。

3)单相测试页

在主菜单中选择"1.单相测试"按"确认"键,液晶显示单相测试页如附图 1.4 所示。

①按"←""→"键,光标左右移动。

②按"↑""↓"键,设置额定变比值。

③按"确认"键,确认所设置数据并开始测量,几秒钟后显示测试结果,显示结果页如附图1.5所示。

附图 1.4　TE2020 变比组别
全自动测试仪单相测试页

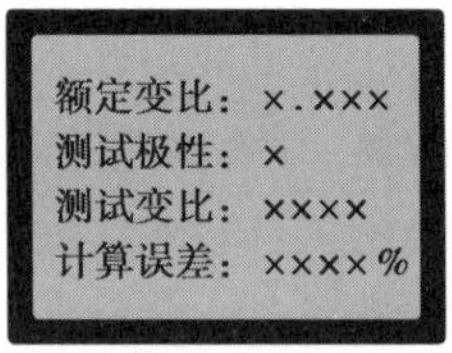

附图 1.5　TE2020 变比组别
全自动测试仪单相测试结果页

④按"打印"键,打印当前测试数据。

⑤按"存储"键,将当前测试数据存储,详见"7)数据存储及读取页"。

⑥按"复位"键,返回到开机页面。

⑦按"退出"键,返回到主菜单。

说明:计算误差即为变比误差,变比误差是由下列公式计算得出:

$$变比误差 = \frac{测试变比 - 标准变比}{标准变比} \times 100\%$$

4)三相测试页

在主菜单中选择"2.三相测试",按"确认"键,液晶显示三相测试页如附图1.6所示。

①设置额定变比值。

②按"确认"键确认所设置的数据并开始测试,几秒钟后显示测试结果,如附图1.7所示。

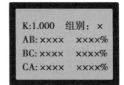

附图 1.6　TE2020 变比组别
全自动测试仪三相测试页

附图 1.7　TE2020 变比组别
全自动测试仪三相测试结果页

③按"存储"键,将当前测试数据存储,详见"7)数据存储及读取页"。

④按"打印"键,将当前测试数据打印。

⑤按"确认"键,对所设置的变比数据重复测试。

⑥按"复位"键,返回到开机页面。

⑦按"退出"键,返回主菜单。

5)带分接开关测试页

在主菜单中选择"3.分接测试",按"确认"键,液晶显示测试变比设定页,如附图1.8所示。

①设置额定变比值。

②按"确认"键后,液晶显示调压百分数设定页,如附图1.9所示。

③按"→"键,确定每级调压百分数,1.25%,1.5%,2.000%,2.500%,5.000%。

④按"←"键,可手动输入每级调压值,此时按"确认"键可对每级调压值进行设置。

附图 1.8 TE2020 变比组别
全自动测试仪分接测试变比设定页

附图 1.9 TE2020 变比组别
全自动测试仪分接测试调压百分数设定页

⑤选择或设置每级调压值,按"确认"键,液晶显示分接测试页,如附图 1.10 所示。

⑥按"←""→"键,对 K 即额定变比值进行设置。

⑦按"↑""↓"键,对分接位进行设置。

⑧当以上数据设置完后,按"确认"键进行测试,几秒钟后显示测试结果,如附图 1.11 所示。

附图 1.10 TE2020 变比组别
全自动测试仪分接测试页

附图 1.11 TE2020 变比组别
全自动测试仪分接测试结果页

⑨按"存储"键,存储各分接测试数据。

⑩按"打印"键,打印出测试过的各分接位数据。

⑪按"复位"键,返回到开机页面。

⑫按"退出"键,返回到主菜单。

说明:在显示测试结果后,再次设置"K,分接"数据,按"确认"键,将对所设置的数据进行连续测试。

6)更多功能页

在主菜单中选择"4.更多功能"按"确认"键后,液晶显示功能设置页,如附图 1.12 所示。

①按"↑""↓"键,光标上下移动。

②选择"1.计算额定变比"按"确认"键进入"计算额定变比",按"确认"键后液晶显示高压侧电压设置页,如附图 1.13 所示。

③按"←""→"键,光标左右移动。

④按"↑""↓"键,设置数据。

⑤按"确认"键,液晶显示低压侧电压设置页,如附图 1.14 所示。

附图 1.12 TE2020 变比组别
全自动测试仪功能设置页

附图 1.13 TE2020 变比组别
全自动测试仪高压侧电压设置页

附图 1.14 TE2020 变比组别
全自动测试仪低压侧电压设置页

⑥按"←""→"键,光标左右移动。

⑦按"↑""↓"键,设置数据。

⑧按"确认"键后,自动记忆额定变比值并返回上一级菜单,在进行测试时变比值自动记录在额定变比页中。

7)数据存储及读取页

在测试数据显示页中,按"存储"键,液晶显示测试结果存储页,如附图1.15所示。

①按"↑""↓"键,选择存储或读取的位置,可自动换页。

②按"确认"键,确认存储或读取的位置,并显示所存储或读取的数据。

③按"打印"键打印数据。

④按"复位"键,返回到开机页面。

⑤按"退出"键,返回到上一级菜单。

8)日期时间设置页

在"更多功能"页面中,选择"3.日期设置",按"确认"键,液晶显示测试仪日期设置页,如附图1.16所示。

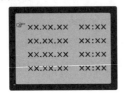

附图1.15　TE2020 变比组别
全自动测试仪测试结果存储页

附图1.16　TE2020 变比组别
全自动测试仪日期设置页

①按"←""→"键,光标左右移动。

②按"↑""↓"键,设置日期数据。

③按"确认"键,确认所设置的数据。

④按"退出"键,返回到上一级菜单。

附图1.17　TE2020 变比组别
全自动测试仪时间设置页

⑤按"复位"键,返回到开机页面。

在"更多功能"页面中,选择"4.时间设置",按"确认"键,液晶显示测试仪时间设置页,如附图1.17所示。

⑥按"←""→"键,光标左右移动。

⑦按"↑""↓"键,设置时间数据。

⑧按"确认"键,确认所设置数据。

⑨按"退出"键,返回上一级菜单。

⑩按"复位"键,返回开机页面。

(5)其他操作

1)如何更换打印纸

本仪器选用前换纸型打印机,不需拆机就可换纸,使用十分方便。

①打开打印机前盖板。

②用手捏紧打印机内的纸轴,将其取出。

③装上打印纸,重新将纸轴装在打印机上。

④打开仪器电源,使打印机通电。

⑤按打印机上的"S/L"键,使"POW"指示灯熄灭,此时机头开始走动。用手将纸送入机头入口处,这时纸便徐徐进入机头,直到从机头上露出。

⑥待纸走出一定长度后,再按一下"S/L"键,打印机停止工作。

⑦盖上打印机前盖板。

2)更换保险丝

在电源插座下方有一个保险丝盒(附图1.18),用平口起子将该保险丝盒往上拉即可更换保险丝。保险丝规格为10 A。

附图1.18　TE2020变比组别
全自动测试仪保险丝盒的位置

(6)**测试**

1)接线准备

①将接地线一端夹在地网上,一端可靠地接于面板的接地端子上。

注意:地网的接地点应具有良好的导电性,否则会影响测量的正确性。

②严格按接线图接线,并保证各接触点接触良好。

③测试过程中,试品应与外界线路断开。

④插上电源插头。

2)测试步骤

①合上电源开关,仪器显示开机页面。

②按"确认"键,进入主菜单。

③根据情况选择"单相测试""三相测试""分接测试"。

注意:观察负载电流表,一旦发生异常应立即将过流开关置于"OFF"位置并关机检查。

④等待10~20 s,测试完成,仪器显示测试结果。

3)试验结束后的现场清理

①关掉电源开关,拔下电源线。

②将两组专用测试线拆除并收好,方便下次使用。

③拆除接地线,并整理好。

(7)**测试图例**

TE2020变比组别全自动测试仪单相测试接线,如附图1.19所示。

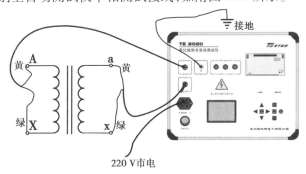

附图1.19　TE2020变比组别全自动测试仪单相测试接线

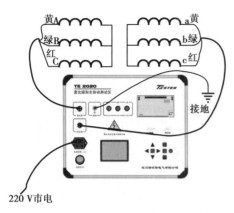

附图1.20 TE2020变比组别全自动测试仪
三相测试接线

（8）运输与保养

TE2020变比组别全自动测试仪三相测试接线,如附图1.20所示。

1）运输

本产品运输时必须进行包装,包装箱可用纸箱或木箱,包装箱内应垫有泡沫防震层。包装好的产品,应能经公路、铁路、航空运输。运输过程中不得置于露天车厢。仓库应注意防雨、防尘、防机械损伤。

2）储存

仪器平时不用时,应储存在环境温度-20~60 ℃,相对湿度不超过85%,通风,无腐蚀性气体的室内。存储时不宜紧靠地面和墙壁。

3）防潮

在气候潮湿的地区或潮湿的季节,本仪器若长期不用,要求每月开机通电一次（约2 h）,以使潮气散发,保护元器件。

4）防暴晒

仪器在室外使用时,尽可能避免或减少阳光对液晶显示屏的直接暴晒。

附录2 TE5670互感器多功能综合测试仪使用说明书

（1）试验前安全注意事项

①为了保护设备及人身安全,做试验前请详细阅读使用说明书,严格按说明书要求操作。

②勿将本仪器置于不平稳的平台或桌面上,以防仪器跌落受损。

③装置工作电源为单一电源,~220 V或~380 V自适应,应选用25 A及以上的电源线。

④做试验时,请勿将交流电源~220 V或~380 V的输入误插到交流电压输出、PT变比极性试验等端子上,否则会损坏装置。

⑤做CT伏安特性试验时,请确保CT所试验的二次绕组两线均与原有接线断开且不接地,其他二次绕组的回路断开。

⑥做PT伏安特性试验时,请确保PT二次绕组接地线断开,一次绕组有足够的电气安全距离。

⑦做CT变比试验时,请确保CT所试验的二次绕组的接地线断开,其他二次绕组均短接。

⑧做PT变比试验时,请确保PT所试验的二次绕组的接地线断开,其他二次绕组均断开。

⑨做伏安特性或变比试验时,如连续试验时间太长,请适当予以休息冷却,以免装置过热烧坏。

⑩仪器左侧壁面的风扇为通风散热而设,为保证仪器正常工作,请勿堵塞。

⑪作为安全措施,该仪器配有保护接地端子,试验之前应将装置面板上接地端子可靠接地。

⑫不要让任何异物掉入机箱内,以免发生短路。

⑬如主机不能与计算机进行通信,请检查所联计算机串口设置是否符合要求,是否是COM1口。

⑭主机各个功能模块最多可保存230组数据,仪器掉电后数据只能保存15 d,为了不影响你的工作,请将数据及时打印或上传至U盘或计算机保存。

⑮用U盘转存试验数据时,须等保存完毕方能拔出U盘,否则,数据转存不成功,可能导致数据遗失。

⑯请勿随意删除主机保存的历史试验记录,避免造成试验数据丢失。

⑰设备恢复出厂设置,按住旋转鼠标,打开电源开关直到显示主菜单界面为止,松开鼠标,设备就初始化成功,试验记录将丢失,慎用。

(2)**主要技术特点**

1)全自动型测试仪

只需设定最高输出电压和最大输出电流,仪器即可从零开始自动升压或升流进行各种试验。试验中自动记录测试数据、描绘伏安特性曲线、10%和5%误差曲线,并自动计算拐点值。省去了手动调压、人工记录整理、描曲线等烦琐步骤,极大地提高了测试效率。试验结果可以储存在机内,可以现场打印、事后打印,也可用U盘取出传至计算机处理打印。操作快捷、简单、方便,易于掌握。

2)装置功能

①CT试验。

a.伏安特性曲线。

b.曲线拐点自动计算。

c.10%和5%误差曲线。

d.变比和极性测量。

e.比差和角差测量。

f.二次侧回路负载测试。

g.CT退磁功能。

h.二次绕组交流耐压。

②PT试验。

a.伏安特性曲线。

b.变比和极性测量。

c.PT退磁功能。

d.二次绕组交流耐压。

③输出保持。

具有升压保持功能,用于计量检测及二次交流耐压试验;具有升流保持功能,用于二次回路检查。

④真有效值采样。

所有电压、电流信号均为真有效值采样,请用真有效值表进行校正。

⑤单一电源。

仅需单一输入电源,220 V或380 V自适应。

⑥U盘保存及串口通信。

试验的数据可通过U盘传至计算机,也可通过RS232串口上传至计算机,由计算机进行处理、显示、打印、存储数据及曲线报告,极大地方便了用户整理报告。

⑦拐点自动计算。

可自动计算出CT伏安特性曲线的拐点值,并根据拐点值自动确定曲线各段的数据步长,因而曲线测量点整齐合理,方便作报告。

⑧日期和时钟。

仪器自带有系统时间,试验时装置自动记录测试时间,以便于测试记录的存储与查看。

⑨不接触测试,安全性高。

全微机化装置,设定完成后完全不需人工接触,仪器全自动进行测试。可使测试人员远离高压电路,确保测试人员安全。

⑩输出容量大。

单机输出功率大,A型交流电压输出950 V,电流输出短时可达25 A;最大电流750 A。B型交流电压输出950 V,电流输出短时可达20 A;最大电流600 A。

⑪可外接升压器、升流器。

采用外接升压器进行伏安特性试验时,最高可输出2 500 V、1.5 A,可满足500 kV等级1 A电流互感器的伏安特性试验。外接升流器可达1 000 A、3 500 VA。若选用伏安特性及变比极性试验外接信号采集附件,可使用户自备升压器、升流器进行试验。

⑫自带大屏幕图形LCD、全汉化图形界面。

测试时直接显示伏安曲线图、试验记录数据,直观方便。面板自带打印机,可随时打印曲线图及测试数据。

⑬旋转鼠标操作。

采用光电旋转鼠标进行操作。全面取消面板按键、开关、控制旋钮等各种常规控件。操作简单方便,使用寿命长。

⑭超大容量的数据存储。

单机各个功能试验可存储230组测试数据,数据掉电不会丢失,可试验完毕调出打印或上传至计算机保存、打印。仪器还具有单机U盘数据存储功能,将现场测试数据保存到U盘上,做到现场测试记录无限量保存。

(3)装置基本结构及组成

TE5670型全自动综合测试仪由装置主机、外配升压器和升流器等组成,其中外配升压器、升流器、伏安特性及变比极性试验外接信号采集装置为选购件。

装置主机包含全自动升压器、内置升流器、微机控制系统、320×240点阵大屏幕全汉化LCD、微型打印机、操作旋转鼠标、USB接口、计算机通信接口等部分。装置主机可以直接用于做 CT 的伏安特性试验、拐点计算、5% 和 10% 误差曲线、变比极性试验、比差试验、角差试验、二次侧回路检查、二次侧回路负载测试、PT 的伏安特性试验、变比极性试验以及 CT/PT 的二次绕组交流耐压等试验。

若装置主机输出电压、电流范围不能满足要求,如测试额定电流为 1 A 的 CT 的伏安特性要求测试电压高达 1 500~2 500 V,装置单机输出电压不能达到此值,这时可以采用选配的外部升压器进行试验,将装置主机输出电压接至外部升压器,进行二次升压后电压可达 1 500~2 500 V。外部升压器内带有测量电路,采用信号线缆将其与主机数据接口接好即可进行试验。

如果装置主机内置升流器输出电流范围或功率不能满足要求时,可采用选配的外接升流器进行升流。将测试仪主机内置调压器输出电压接至外接升流器,其输出电流可达 1 000 A、3 500 VA。外部升流器内带有测量回路,采用信号线缆将其与主机数据接口接好即可进行试验。

如果输出电压、电流范围还不能满足要求,可选用伏安特性及变比极性试验外接信号采集附件,采用信号线缆将其与主机数据接口接好,使用用户自备升压器、升流器进行试验。

装置结构面板(附图 2.1)说明如下:

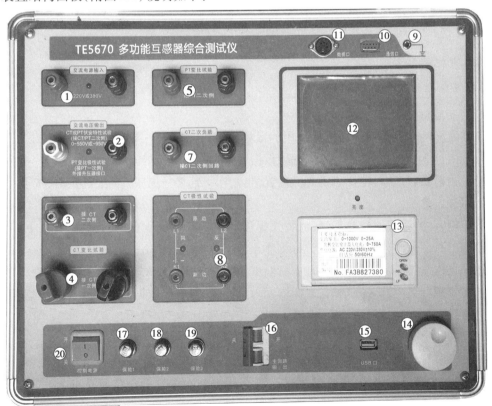

附图 2.1　TE5670 互感器多功能综合测试仪面板布置

①工作交流电源输入。

②主升压器的交流电压输出。

③CT 变比极性试验接 CT 二次侧。

④CT 变比极性试验接 CT 一次侧。

⑤PT 变比极性试验接线端子。

⑥液晶显示器亮度调节。

⑦CT 二次侧负载试验接线端子。

⑧CT 极性测试区。

⑨安全接地端子。

⑩连接计算机的串口。

⑪数据通信口。

⑫液晶显示屏。

⑬微型打印机。

⑭旋转鼠标。

⑮USB 接口。

⑯主回路输出空气开关。

⑰保险 1[控制电源保险(2 A)]。

⑱保险 2[交流电源输出保险(25 A)]。

⑲保险 3。

⑳控制电源开关。

(4)单机运行软件操作方法

1)旋转鼠标使用方法

旋转鼠标的功能类似计算机上使用的鼠标,它有 3 种操作:"左旋""右旋"按下"选定"。使用鼠标的这 3 种操作可用来移动光标、数据输入和操作选定等。

移动光标:通过旋转鼠标移动光标位置,当光标移到某一选项上需要选定时,按下"选定"旋钮即可选定此项。

数据输入:当需要修改数据时,请将光标移动到所需要修改数据的位置上,按下鼠标,即进入数据的百位或十位修改操作(光标缩小至被修改的这一位上),左旋或右旋鼠标即进行该位的增减操作。按下鼠标确认该位的修改,并进入下一位的修改,同样左旋或右旋鼠标进行下一位的增减。逐位修改完毕后,光标增大为全光标,即退出数据的修改操作,此时旋转鼠标可将光标移走。

2)主菜单

连接好装置面板上的交流电源(AC 220 V 或 AC 380 V),打开面板上的控制电源开关,液晶屏背光亮,装置进行自检,会听到"嘀嘀"两声,自检完毕后将显示欢迎界面,5 s 之后进入互感器综合测试仪汉化主菜单(附图 2.2)。

主菜单有 4 个可选项,旋动旋转鼠标将光标移到某一选项上时,该项底色反白显示,按下旋转鼠标即可进入此项功能操作菜单。

附图 2.2　TE5670 互感器多功能综合测试仪主菜单

3）CT 伏安特性试验

在主菜单界面，用旋转鼠标将光标移动到 电流互感器试验 选项上，按下旋转鼠标即可进入 CT 试验内容选择菜单（附图 2.3），将光标移到某一项上，按下旋转鼠标即可进入此项试验操作界面。操作完成后按"（5）返回"即可退出本界面。

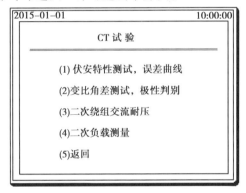

附图 2.3　CT 试验选择菜单

①CT 伏安特性试验的软件界面。

在"CT 试验"主界面上，将光标移动到"（1）伏安特性测试，误差曲线"选项上，按下旋转鼠标即可进入 CT 伏安特性试验设置界面（附图 2.4）。

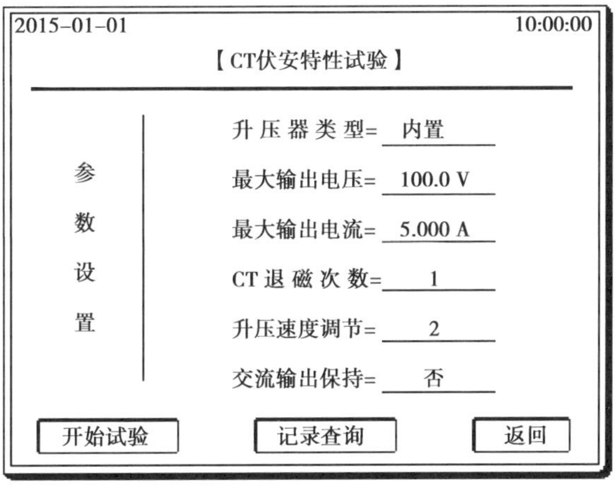

附图 2.4　CT 伏安特性试验设置界面

界面参数说明：

升压器类型："内置"指使用单机内部自带升压器；

"外接"指使用外部升压器装置配件；

"自备"指使用用户自备升压器(必须选用伏安特性及变比极性试验外接信号采集装置)。

最大输出电压：电流互感器二次侧所能承受的最大电压，内置升压器输出电压范围为 0~1 000 V；外接升压器电压范围为 0~2 500 V；自备升压器电压范围为 0~5 000 V。

最大输出电流：电流互感器二次侧所能承受的最大电流，内置升压器电流范围为 A 型(0~25 A)、B 型(0~20 A)；外接升压器电流范围为 0~1.5 A；自备升压器电流范围为 0~25 A。

CT 退磁次数：为保证伏安特性曲线的真实性，在描绘曲线前对使用时间过长的电流互感器进行几次升压、降压过程，退去电流互感器中的残留磁性。可以设置为"0"~"5"，"0"表示不进行退磁操作。

升压速度调节：指试验时自动调整升压速度，1 挡最低，4 挡最高。

交流输出保持：当输出电压、电流达到设定值时，若选择"是"则保持此输出状态 15 s，若选择"否"则立即停止试验。

开始试验：按此键试验开始，进入 CT 伏安特性测试界面。

记录查询：按此键查询 CT 伏安特性试验历史记录，进入 CT 伏安特性试验记录查询界面。

说明：设置最大输出电压和最大输出电流可对电流互感器进行保护，在试验过程中，一旦电压或电流超出设定值，测试仪将自动停止升压并退至零位，试验自动结束。

②CT 伏安特性试验的操作说明。

确认接线无误后，先接通主回路输出控制开关，设置好升压器类型、最大输出电压、最大输出电流、CT 退磁次数、升压速度调节等参数后，使用旋转鼠标，将光标移动至 开始试验 选项，即可准备开始试验。

A.试验接线。

使用装置进行单机试验的原理接线图，如附图 2.5 所示。

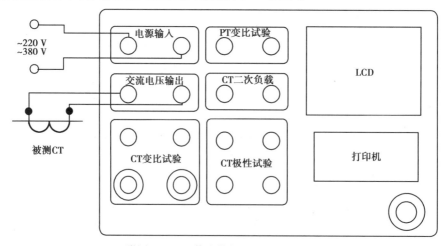

附图 2.5　CT 伏安特性试验原理接线图

当交流电源输入端子接~220 V电压时,交流电压输出为0~550 V;当输入端子接~380 V电压时,交流电压输出为0~1 000 V。

注意1:做CT伏安特性试验时,装置上CT极性和变比试验的端子请勿接线。

注意2:切勿将输入电源接到交流电压输出端子,以免损坏装置。

注意3:做CT伏安特性试验时,应将所试验CT的二次绕组两根线均与原有接线断开且不能接地,并将其他二次绕组断开。

注意4:若长时间连续做了多次CT伏安特性试验,应休息冷却一定时间,以免装置过热烧坏。

B.试验方法。

根据试验接线图确认接线无误后,接通主回路输出控制开关,在CT伏安特性试验界面上,升压器类型选择"内置",再根据被测CT的需要来设置其他对应的试验参数,按下开始试验和确定选项,即进入CT伏安特性试验曲线图界面(附图2.6),此时装置自动根据设置的电压、电流和升压速度逐步增加电压、电流进行测试,在测试过程中每测出一个点将自动在曲线图上标示出来,并显示、记录当前电压值、当前电流值等参数。

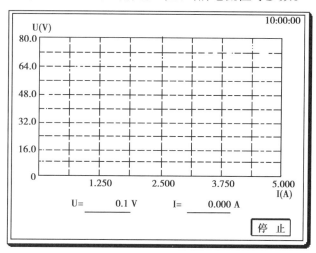

附图2.6　CT伏安特性试验曲线图界面

试验过程中,光标会显示在停止选项上不停闪烁,直至试验完毕退出自动测试,或按下旋转鼠标人为中止试验。

C.测试结果操作说明。

试验结束后,屏幕显示CT伏安特性测试曲线(附图2.7)。该界面各操作功能如下:

游标:使用旋转鼠标将光标移至游标选项上选定,即进入游标数据查询功能(附图2.7)。使用旋转鼠标左移或右移游标线,可查看伏安特性测试曲线任意一点的电流和电压值。

打印:使用旋转鼠标将光标移至打印选项上选定,界面上将弹出打印内容对话框(附图2.8)。设置好打印步长,并通过旋转鼠标选择打印当前测试的曲线、数据或曲线加数据组,即可打印出相应的内容。数据打印在3倍拐点电流前按步长,在3倍拐点电流后按步长的整数倍(2,5,10,20…倍)来打印。

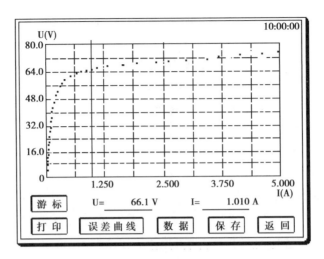

附图 2.7　CT 伏安特性测试曲线

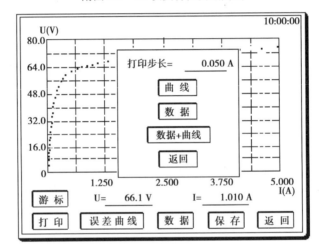

附图 2.8　打印内容对话框

保存:将光标移至 保存 选项,选定后即可将当前数据及伏安特性曲线图保存在装置的内存中。

参数设置:将光标移至 保存 选项,选定后界面上将弹出被测 CT 参数对话框(附图 2.9),通过旋转鼠标即可设置线路号、组号、相序、K 值等参数并自动记录当前数据保存的时间及日期、显示记录存储空间的已使用率。参数设置完毕后,按下 确定 选项,即可将当前所测数据保存在内存中。

存储的测试数据在 CT 伏安特性试验界面上(附图 2.4)选 记录查询 即可调出查看,调出后如果再按 保存 选项可修改先前保存的线路号、组号、相序、K 值等参数重新进行保存,重新保存时所存储的时间为修改时间。单机所保存的数据可直接通过 U 盘或 RS232 口上传至计算机。

数据:将光标移至 数据 选项,选定后界面上将显示 CT 伏安特性试验的测试数据列表(附图 2.10)。

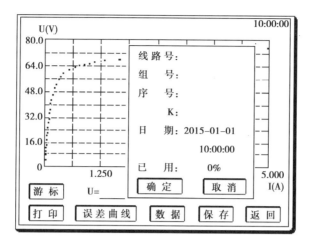

附图 2.9　CT 参数对话框

序号	电压(V)	电流(A)
拐点	54.5	0.48
1	2.4	0.01
2	2.7	0.03
3	12.6	0.10
4	28.8	0.14
5	38.2	0.19
6	44.5	0.25
7	48.1	0.30
8	51.3	0.36

附图 2.10　CT 伏安特性试验的测试数据列表

注意:内存中最多能保存 CT 伏安特性测试记录 230 组,如超过 230 组数据,将按先入先出原则冲掉最老的数据。掉电后,数据只能保存 15 d。

在数据列表中,如果数据太多,可将光标移至 ↑↓ 选项,按下鼠标,通过左旋、右旋鼠标滚动显示试验数据。浏览数据完毕,光标移至 返回 选项,按下即退回到伏安特性试验曲线界面。

D.误差曲线。

在伏安特性曲线图界面上,将光标移至 误差曲线 选项,选定后屏幕上将显示伏安特性试验的误差曲线设置(附图 2.11)。

误差曲线参数框说明:

Z2:CT 二次侧内阻抗值,即从 CT 二次侧绕组两端子向内测量出的阻抗值。

额定电流:CT 的二次侧额定电流(1 A 或 5 A)。

5%误差曲线:将光标移至 5%误差曲线选定,自动得出 5%误差曲线结果并显示数据。

10%误差曲线:将光标移至 10%误差曲线选定,自动得出 10%误差曲线结果并显示数据。

E.查阅保存的试验记录。

进入 CT 伏安特性试验界面(附图 2.4),将光标移至 记录查询 选项上选定,进入 CT 伏安特性试验记录查询界面(附图 2.12)。若有历史数据则光标亮显在最后一组记录的序号和日期栏内容,并在屏幕右侧显示该组记录的相关信息。

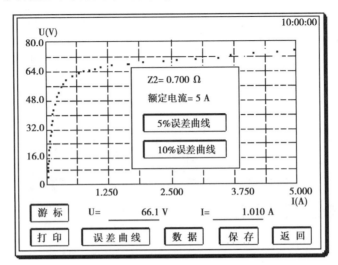

附图 2.11　CT 伏安特性试验的误差曲线设置

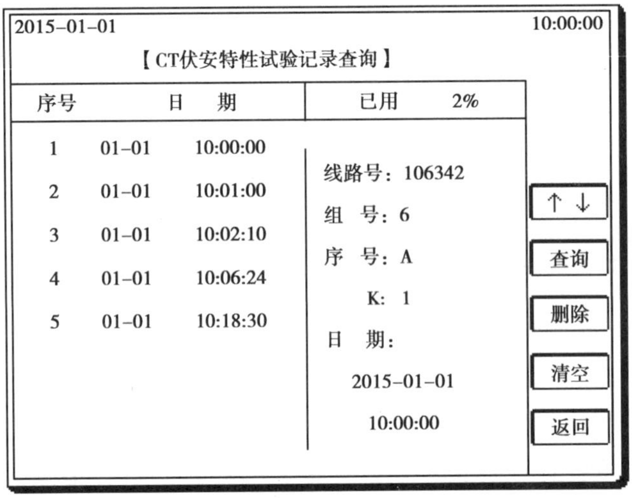

附图 2.12　CT 伏安特性试验记录查询界面

$\boxed{↑↓}$:按下此按钮可翻页浏览每一组试验记录,屏幕右侧显示该组记录的相关信息,当光标亮显在某一组记录上时,按下鼠标即选定该组试验记录,可进行该试验记录的查阅、删除等操作。

$\boxed{查询}$:按下此按钮进入伏安特性曲线及 10%误差曲线显示界面(附图 2.7),可详细查看并打印此组历史记录的数据和曲线。

$\boxed{删除}$:按下此按钮可删除此组历史记录,后面的记录自动前移。

$\boxed{清空}$:按下此按钮可全部删除已保存在装置中的 CT 伏安特性试验的所有历史记录。

4)PT 伏安特性试验

在主菜单界面,使用旋转鼠标将光标移至$\boxed{电压互感器试验}$选项上选定,即进入 PT 试验项目选择菜单(附图2.13)。光标移至某一项上,按下旋转鼠标即可进入此项试验操作界面,操作完成后按"(4)返回"即可退出本界面。

①PT伏安特性试验的软件界面。

将光标移至"(1)伏安特性测试"选项上选定,即进入PT伏安特性试验设置界面(附图2.14)。

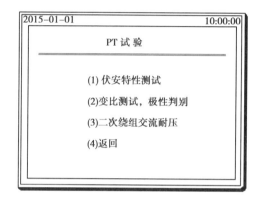

附图2.13 PT试验项目选择菜单

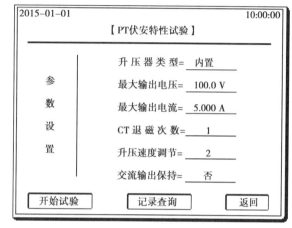

附图2.14 PT伏安特性试验设置界面

界面参数说明:

升压器类型:"内置"是指使用单机自带升压器,PT伏安特性试验只需使用内置升压器。

最大输出电压:电压互感器二次侧所能承受的最大电压,内置升压器电压范围为0~200 V。

最大输出电流:电压互感器二次侧所能承受的最大电流,内置升压器电流范围为A型(0~25 A)、B型(0~20 A)。

PT退磁次数:试验时为保证伏安特性曲线的真实性,在描绘曲线前对使用时间过长的电压互感器进行数次升压、降压过程,退去电压互感器中残留的磁性。可设置为"0"~"5","0"表示不进行退磁操作。

升压速度调节:指试验时自动调整升压速度,1挡最低,4挡最高。

交流输出保持:当输出电压、电流达到设定值时,若选择"是"则保持此输出状态15 s,若选择"否"则立即停止试验。

开始试验:按此键试验开始,进入PT伏安特性测试界面。

记录查询:按此键查询PT伏安特性试验历史记录,进入PT伏安特性试验记录查询界面。

说明:设置最大输出电压和最大输出电流可对电压互感器进行保护,在试验过程中,一旦电压或电流超出设定值,测试仪将自动停止升压并退至零位,试验自动结束。

注意1:对电压互感器进行试验时,最大输出电压请勿设置过高,以免对电压互感器二次侧进行升压而导致一次侧电压过大,超出一次侧的电气安全规定。

注意2:若长时间连续做了多次PT伏安特性试验,应休息冷却一定时间,以免装置过热烧坏。

②PT伏安特性试验的操作说明。

确认接线无误后,先接通主回路输出控制开关,设置好最大输出电压、最大输出电流、PT退磁次数、升压速度调节等参数后,使用旋转鼠标,将光标移至 开始试验 选项上选定,即可准备开始试验。

A.试验接线。

使用装置进行单机试验的原理接线图,如附图2.15所示。

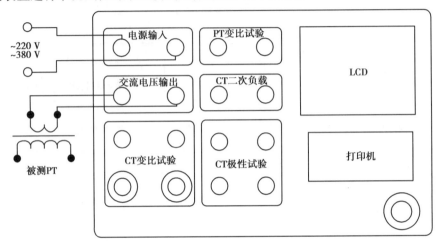

附图2.15　PT伏安特性试验原理接线图

当交流电源输入端子接~220 V电压时,交流电压输出为0~550 V;当输入端子接~380 V电压时,交流电压输出为0~1 000 V。

注意1:做伏安特性试验时,极性和变比试验的端子请勿接线。

注意2:切勿将输入功率电源接到电压输出端子上,以免损坏装置。

注意3:做PT伏安特性试验时,应将所试验CT的二次绕组两根线均与原有接线断开且不能接地,并将其他二次绕组断开。

B.试验方法。

根据试验接线图确认接线无误后,接通主回路输出控制开关,在PT伏安特性试验界面上,升压器类型选择"内置",再根据被测PT的需要来设置其他对应的试验参数,按下 开始试验 和 确定 选项,即进入PT伏安特性试验曲线图界面(附图2.16),此时装置自动根据设置的电压、电流和升压速度逐步增加电压、电流进行测试,在测试过程中每测出一个点将自动在曲线图上标示出来,并显示、记录当前电压值、当前电流值等参数。

试验过程中,光标会显示在 停止 选项上不停闪烁,直至试验完毕退出自动测试,或按下旋转鼠标人为中止试验。

C.测试结果操作说明。

试验结束后,屏幕显示出PT伏安特性测试曲线(附图2.17)。该界面上各操作功能如下:

游标:使用旋转鼠标将光标移至 游标 选项上选定,即进入游标数据查询功能(附图2.17)。使用旋转鼠标左移或右移游标线,可查看伏安特性测试曲线任意一点的电流和电压值。

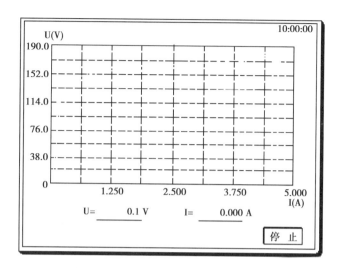

附图 2.16　PT 伏安特性试验曲线图界面

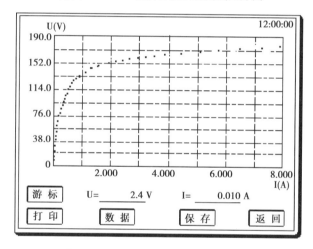

附图 2.17　PT 伏安特性试验测试曲线

打印:将光标移至 打印 选项上选定,界面上将弹出打印内容对话框(附图 2.18),选择确定即可由仪器面板上自带的微型打印机分别打印出当前测试的曲线、数据或曲线加数据组。

保存:将光标移至 保存 选项,选定后即可将当前数据及伏安特性曲线图保存在装置的内存中。

参数设置:选定 保存 选项后,界面上将弹出被测 PT 参数对话框(附图 2.19),通过旋转鼠标即可设置线路号、组号、相序、K 值等参数并自动记录当前数据保存的时间及日期、显示记录存储空间的已使用率。参数设置完毕之后,按下 确定 选项即可将当前所测数据保存在内存中。

存储的测试记录在 PT 伏安特性试验界面上(附图 2.14)选 记录查询 即可调出查看,调出后如果再按 保存 选项可修改先前保存的线路号、组号、相序、K 值等参数重新进行保存,重新保存时所存储的时间为修改时间。单机所保存的数据可直接通过 U 盘或 RS232 口上传至计算机。

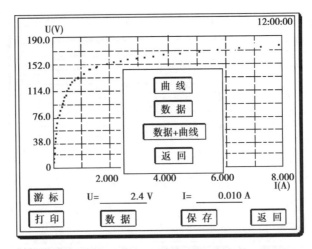

附图 2.18　PT 伏安特性试验打印内容对话框

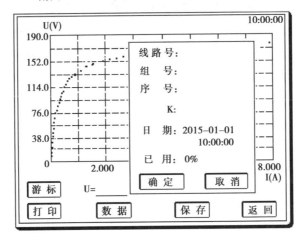

附图 2.19　PT 参数对话框

数据：将光标移至 数据 选项上选定，屏幕上将显示 PT 伏安特性试验的测试数据列表（附图 2.20）。PT 伏安特性曲线拐点栏数据为空。

序号	电压(V)	电流(A)
拐点		
1	2.4	0.01
2	2.7	0.03
3	12.6	0.10
4	28.8	0.14
5	38.2	0.19
6	44.5	0.25
7	48.1	0.30
8	51.3	0.36

附图 2.20　PT 伏安特性试验的测试数据列表

注意：内存中最多能保存 PT 伏安特性测试记录 180 组，如超过 180 组数据，将按先入先出原则冲掉最老的数据。掉电后，数据只能保存 15 d。

D.查询保存的数据记录。

在 PT 伏安特性试验界面上(附图 2.14),将光标移至 记录查询 选项上选定,进入 PT 伏安特性试验记录查询界面(附图 2.21)。若有历史数据则光标显亮最后一组记录的序号和日期栏内容,并在屏幕右侧显示该组记录的相关信息。

2015-01-01		10:00:00

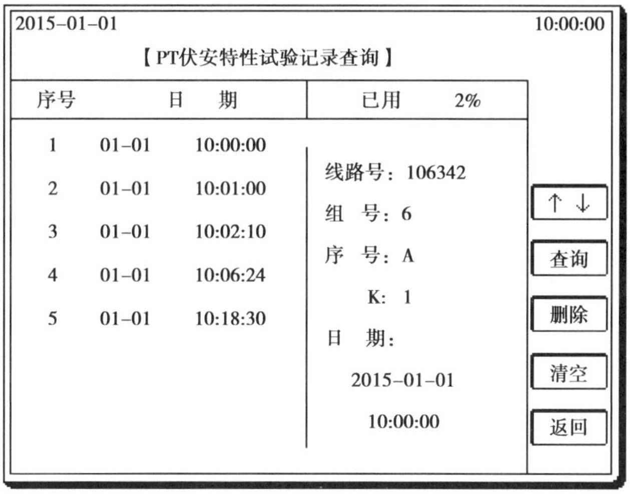

附图 2.21　PT 伏安特性试验记录查询界面

↑↓ :按下此按钮可翻页浏览每一组试验记录,屏幕右侧显示该组记录的相关信息,当光标亮显在某一组记录上时,即选定该组试验记录,可进行该试验记录的查阅、删除等操作。

查询 :按下此按钮进入伏安特性测试曲线测试结果显示界面(附图 2.17),可详细查看并打印此组历史记录的数据和曲线。

删除 :按下此按钮可删除此组历史记录,后面的记录自动前移。

清空 :按下此按钮可全部删除已保存在装置中的 PT 伏安特性试验的所有历史记录。

5)CT 变比极性试验

①CT 变比极性试验的软件界面。

进入 CT 试验内容选择菜单(附图 2.13),将光标移至“(2)变比角差测试,极性判别”选项上选定,即可进入 CT 变比极性试验设置界面,如附图 2.22 所示。

界面参数说明:

升流器类型:“内置”指使用单机自带升流器。

“外接”指使用外部升流器装置配件。

“自备”使用用户自备升流器。(此功能暂没开放)

一次侧额定电流:电流互感器一次侧的额定电流。

二次侧额定电流:电流互感器二次侧的额定电流,1 A 或 5 A。

一次侧测试电流:在变比极性测试时,电流互感器一次侧需施加的电流,内置升流器范围为(0~600.0)A;外接升流器范围为(0~1 000.0)A。

测试记录点数:可设 1~5 个测试点,试验时可一次性得到被测电流互感器在所设一次侧测试电流按测试点平分电流值下的变比、比差、角差,大大地减少了试验的次数,方便又快捷。

2015-01-01		【CT变比极性试验】	10:00:00

参 数 设 置

升 流 器 类 型＝ 内置

一次侧额定电流＝ 600 A

二次侧额定电流＝ 5 A

一次侧测试电流＝ 600.0 A

测 试 记 录 点 数＝ 5

| 试验 | 二次回路 | 记录查询 | 返回 |

附图 2.22 CT 变比极性试验设置界面

试验:按此键试验开始,进入 CT 变比极性试验结果界面。

二次回路:按此键试验开始,进入 CT 二次侧回路检查。

记录查询:按此键查询 CT 变比极性试验历史记录,进入 CT 变比极性试验记录查询界面。

②变比试验的操作说明。

确认接线无误后,先接通主回路输出控制开关,设置好升流器类型、一次侧测试电流、二次侧额定电流、测试记录点数等参数后,使用旋转鼠标,将光标移至 试验 选项上选定,即可准备开始试验。若按下 返回 选项,即退出 CT 变比极性试验界面。

A.试验接线。

使用装置进行单机试验的原理接线图,如附图 2.23 所示。

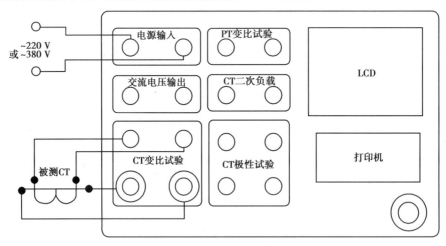

附图 2.23 CT 变比试验接线原理图

注意 1:做变比极性试验时,由于一次侧电流较大,请尽量采用较粗且较短的连接线,以免一次侧电阻过大而导致电流升不上去。

156

注意2:做变比极性试验时,交流电压输出端子请勿接线。

注意3:做变比极性试验时,请先将CT所试验的二次绕组的接地线断开并将其与未试验的二次绕组均短接。否则可能会损坏装置,或电流升不起来。

注意4:若长时间连续做了多次CT变比极性试验,应休息冷却一定时间,以免装置过热烧坏。

B.试验方法。

根据试验接线图确认接线无误后,接通主回路输出控制开关,在CT变比极性试验界面上,升流器类型选择"内置",再根据试验需要来设置其他对应的试验参数,按下 试验 选项,再选择 确定 选项,即进入CT变比极性测试结果界面,如附图2.24所示。

2015-01-01	CT变比极性测试结果		10:00:00
测试电流	变比	比差	角差
100.0 A	600：5.001	−0.01%	0.32°
200.0 A	600：5.000	0.01%	0.31°
300.0 A	600：4.999	0.01%	0.31°
极　性=			
一次侧电流: 384.0 A		二次侧电流: 3.200 A	
		停止	

附图2.24　CT变比极性测试结果界面

试验开始后,装置输出到电流互感器一次侧的交流电流不断增加,该一次侧电流和二次侧测得的电流数值在屏幕上显示。当一次侧电流达到某一个测试点的电流值时,在测试结果区显示该组测试结果(一次侧电流设定值、变比、比差、角差),随后依次显示一次侧不同测试点电流的测试结果,当一次侧电流达到最大设定值或二次侧电流达到5 A(二次侧额定电流为5 A时)或1 A(二次侧额定电流为1 A时)时,装置自动停止试验,并以实际测出的电流计算得出最后一组测试结果且显示出极性。

试验过程中,光标会显示在 停止 选项上不停闪烁,直至试验完毕退出自动测试或按下旋转鼠标人为中止试验。

注意:由于保护CT种类太多,其变比范围非常大(从10：5~30 000：1),故测量不同CT变比时其二次电流范围也很大。为保证测量的精确性,测量时应确保二次侧电流升至0.02~5.0 A范围。

C.测试结果操作说明。

试验结束后,屏幕显示CT变比极性测试结果,如附图2.25所示。

一次侧电流:变比极性试验时一次侧所施加的实际电流。

二次侧电流:变比极性试验时二次侧所测得的实际电流。

2015-01-01		CT变比极性测试结果		10:00:00
测试电流		变比	比差	角差
100.0 A		600：5.001	−0.01%	0.32°
200.0 A		600：5.000	0.01%	0.31°
300.0 A		600：4.999	0.01%	0.31°
400.0 A		600：4.999	0.01%	0.31°
600.0 A		600：4.999	0.01%	0.31°
极　性=同极性/−				
一次侧电流：		A	二次侧电流：	A
打印		保存		返回

附图 2.25　CT 变比极性测试结果

变比：试验时根据一次侧和二次侧所测得的实际电流计算出的实际变比。可设定测出 1~5 组不同电流时的变比值。

比差：试验时根据一次侧和二次侧所测得的实际电流计算出的实际比差。

角差：试验所测得的电流互感器二次侧电流与一次侧电流实际相位差。可设定测出 1~5 组不同电流时的角差值。

极性：变比极性试验所测得的实际接线极性。

该界面各操作功能如下：

打印：由仪器自带的微型打印机将当前测试界面上的变比、角差以及极性试验结果打印出来。

保存：将当前电流互感器的试验结果保存在装置的内存中。

参数设置：选定 保存 选项后，界面上将弹出被测 CT 参数对话框，如附图 2.26 所示，可设置线路号、组号、相序、K 值等参数，并自动记录当前时间及日期，显示记录存储空间的使用率。参数设置完毕，按下 确定 选项，即可将当前所测数据保存在内存中。

2015-01-01		CT变比极性测试结果		10:00:00
测试电流		线　路　号：		角差
100.0 A	600	组　　号：		0.32°
200.0 A	600	相　　序：		0.31°
300.0 A	600	K：		0.31°
400.0 A	600	日　　期：	2015-01-01	0.31°
600.0 A	600		10:00:00	0.31°
极　性=	极性	已　　用：	0%	
一次侧电流：		确定	取消	A
打印		保存		返回

附图 2.26　CT 参数对话框

存储的测试记录在 CT 变比极性试验界面上（附图 2.22）选 记录查询 选项即可调出查

看,调出后如果再按 保存 选项可修改先前保存的线路号、组号、相序、K 值等参数重新进行保存,重新保存时所存储的时间为修改时间。单机所保存的数据可直接通过 U 盘或 RS232 口上传至计算机。

注意:内存中最多能保存 CT 变比极性测试记录 230 组,如超过 230 组数据,将按先入先出原则冲掉最老的数据。掉电后,数据最多保存 15 d。

6)CT 二次侧回路检查

①CT 二次侧回路检查接线图(附图 2.27)。

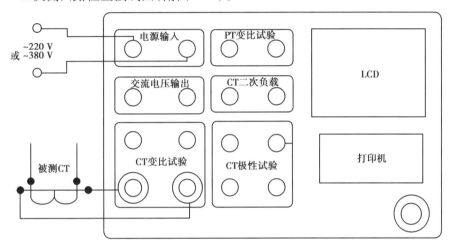

附图 2.27　CT 二次侧回路检查接线图

②CT 二次侧回路检查操作说明。

在 CT 变比极性试验界面上(附图 2.22),设置好参数后,按下 二次侧回路 选项,装置将逐步增加 CT 一次侧的电流至所设值,随后将该电流保持一段时间,用于试验人员检查 CT 二次侧回路的完整性。电流保持的时间长度与电流值有关,电流值越大,时间越短。

试验过程中,光标会显示在 停止 选项上不停闪烁,直至试验完毕自动停止测试,或按下旋转鼠标人为中止试验。

③查阅保存的试验记录。

在 CT 变比极性试验界面中,选定 记录查询 选项,进入 CT 变比极性试验记录查询界面,如附图 2.28 所示。若有历史数据则光标显亮最后一组记录的序号和日期栏内容,并在屏幕右侧显示该组记录的相关信息。

↑↓ :按下此按钮可翻页浏览每一组试验记录,屏幕右侧显示该组记录的相关信息,当光标亮显在某一组记录上时,即选定该组试验记录,可进行该试验记录的查阅、删除等操作。

查询 :按下此按钮进入 CT 变比极性测试界面,可详细查看并打印此组历史记录的数据。

删除 :按下此按钮可删除此组历史记录,后面的记录自动前移。

清空 :按下此按钮可全部删除已保存在装置中的 CT 变比极性试验所有历史记录。

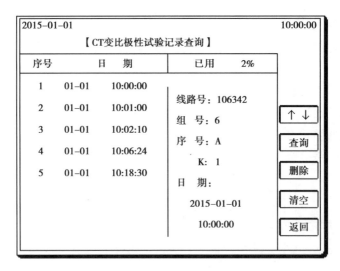

附图 2.28　CT 变比极性试验记录查询界面

7)PT 变比极性试验

①PT 变比极性试验的软件界面。

进入 PT 试验内容选择菜单(附图 2.23),将光标移至"(2)变比测试,极性判别"选项上选定,即进入 PT 变比极性试验设置界面,如附图 2.29 所示。

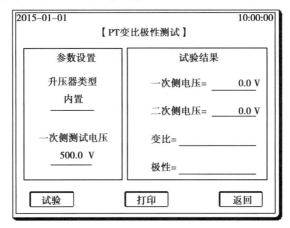

附图 2.29　PT 变比极性试验设置界面

界面参数说明:

升压器类型:"内置"指使用单机自带升压器。

"外接"指使用外部升压器装置配件。

"自备"指使用用户自备升压器(必须选用伏安特性及变比极性试验外接信号采集装置)。

一次侧测试电压:在 PT 变比极性测试时,电压互感器一次侧所需的电压,内置升压器电压范围为 0~1 000 V;外接升压器电压范围为 0~2 500 V;自备升压器电压范围为 0~5 000 V。

一次侧电压:PT 变比极性试验时一次侧所施加的实际电压。

二次侧电压:PT 变比极性试验时二次侧所测得的实际电压。

变比:PT变比极性试验时根据一次侧和二次侧所测的实际电压计算出的实际变比。

极性:PT变比极性试验时所测得的实际接线极性。

②操作说明。

A.试验接线。

PT变比极性试验的原理接线图,如附图2.30所示。

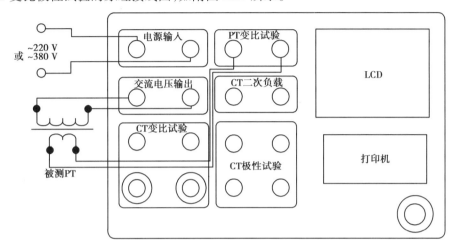

附图2.30　PT变比极性试验的原理接线图

B.试验方法。

确认接线无误后,接通主回路输出控制开关,设置好升压器类型、一次侧测试电压,在试验界面上,将光标移至 试验 选项上选定,选择 确定 选项,即进入PT变比极性试验界面,如附图2.31所示。

附图2.31　PT变比极性试验界面

试验过程中,光标会显示在 停止 选项上不停闪烁,直至试验完毕自动退出,或按下旋转鼠标人为中止试验。

试验开始后,装置输出到电压互感器一次侧的交流电压不断增加,该一次侧实际电压和在二次侧测得的电压数值在屏幕上显示。当一次侧电压达到所设定的电压值或二次侧电压达到

20 V时,装置会自动停止试验并以实际测出的电压计算出被测电压互感器变比值和极性。

以附图2.32为例,一次侧所设测试电压为500.0 V,测得一变比比值为10.00 kV／100 V,接线极性为同相即为正极性。

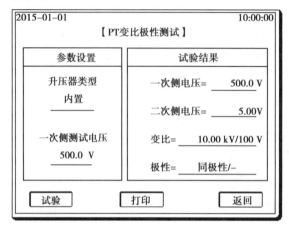

附图2.32　PT 变比极性试验示例

8)CT 二次侧回路负载测量

①软件界面。

进入 CT 试验内容选择菜单,如附图2.3所示,将光标移至"(4)二次负载测量"选项上选定,即可进入 CT 二次侧回路负载测量界面,如附图2.33所示。

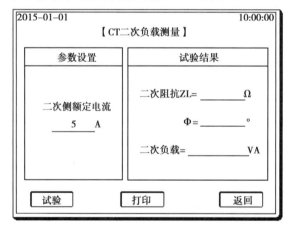

附图2.33　CT 二次侧回路负载测量界面

界面参数说明:

二次侧额定电流:电流互感器二次侧的额定电流,根据所测 CT 选择1 A 或5 A。

二次阻抗 ZL:CT 根据二次回路端所测得的实际数值。

电压、电流计算出的二次侧回路阻抗。

Φ:CT 二次侧回路负载测量时二次回路中电流与电压的相位。

二次负载:根据二次侧回路阻抗 ZL 和 CT 二次侧额定电流计算得出的二次回路功率值。

②操作说明。

A.试验接线。

CT 二次侧回路负载测量的原理接线图,如附图 2.34 所示。

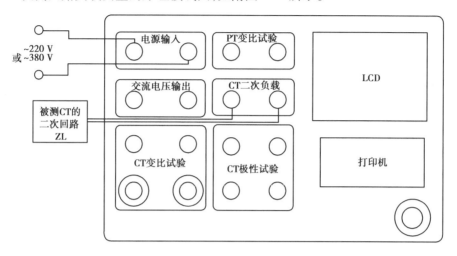

附图 2.34　CT 二次侧回路负载测量的原理接线图

B.试验方法。

确认接线无误后,先接通主回路输出控制开关,设置被测 CT 的二次侧额定电流,按下 试验 选项,再选择 确定 选项,即进入二次侧回路负载测量界面,如附图 2.35 所示。

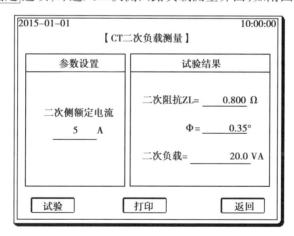

附图 2.35　CT 二次侧回路负载测量界面

试验开始后,装置逐步增加电流互感器二次侧的交流电流值,当二次侧电流达到 5 A(二次侧额定电流为 5 A 时)或 1 A(二次侧额定电流为 1 A 时)时,将该电流保持一段时间,装置自动停止试验,再根据二次回路端所测得的实际电压、电流计算二次侧回路的阻抗、相位和二次负载,并显示出来。

试验过程中,光标会显示在 停止 选项上不停闪烁,直至试验完毕自动退出,或按下旋转鼠标人为中止试验。

9)极性试验

极性试验中,伏安特性测试区域和变比区域内的端子均不需接线,也不需接通主回路输出控制开关,仅需将电流互感器一次侧的两根线接到两个测极性的一次侧端子上,将电流互感器二次侧的两根线接到两个测极性的二次侧端子上。打开装置电源,如果测极性区域内上端标有"同"的红色发光二极管闪动,即为同极性;下端标有"反"的绿色发光二极管闪动,则为反极性。接线方法如附图2.36所示。

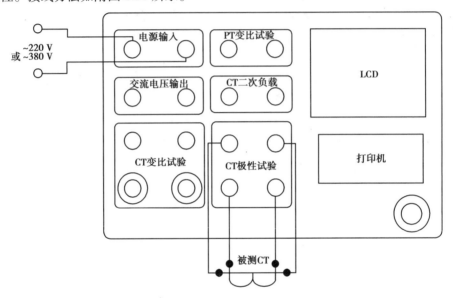

附图 2.36　CT 极性试验原理接线图

10)互感器二次绕组交流耐压试验

①软件界面。

进入 CT 试验内容选择菜单(附图2.3)或 PT 试验内容选择菜单(附图2.13),将光标移至"(3) 二次绕组交流耐压"选项上选定,即进入二次绕组交流耐压测试界面,如附图2.37所示。

附图 2.37　二次绕组交流耐压测试界面

界面参数说明：

升压器类型："内置"指使用单机自带升压器。

"外接"指使用外部升压器装置配件。

"自备"指使用用户自备升压器（必须选用伏安特性试验及变比极性试验外接信号采集装置）。

测试电压：在进行二次绕组交流耐压测试时，互感器二次侧与外壳间所需施加的电压，内置升压器电压范围为 0~1 000 V；外接升压器电压范围为 0~2 500 V；自备升压器范围为0~5 000 V。

测试时间：互感器二次侧与外壳间的电压升到设定值后，该电压所持续的时间，范围为0~600 s。

当前电压：在交流耐压试验升压过程中二次侧与外壳间所施加的实际电压。

起始时间：交流耐压试验过程中，当互感器二次侧与外壳间的电压升到设定值时的系统时间，即耐压测试开始计时的时间。

当前时间：系统的实时时钟。

测试状态：有 3 个状态，"开始"表示在二次侧与外壳间施加的实际电压达到设定值，耐压测试计时开始；"失败"表示在升压过程中或计时开始后大于 10 mA（耐压测试电流），耐压测试没通过；"完成"表示在二次侧与外壳间施加的实际电压达到设定值、计时开始后，二次侧与外壳间的漏电流始终小于耐压测试电流，超过设定的测试时间试验自动停止，耐压测试通过。

②操作说明。

A.试验接线。

以 CT 二次绕组交流耐压测试为例。试验原理接线图如附图 2.38 所示。

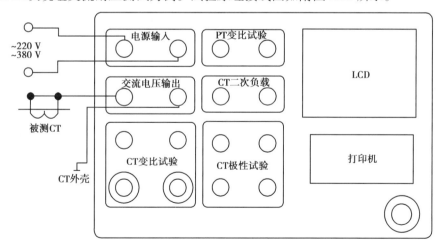

附图 2.38　CT 二次绕组交流耐压试验接线图

B.试验方法。

若采用附图 2.38 所示的试验接线方法，确认接线无误后，接通主回路输出控制开关，设置参数，按下 试验 选项，再选择 确定 选项，即进入互感器二次绕组交流耐压测试界面，如附图 2.39 所示。

附图 2.39　互感器二次绕组交流耐压测试界面

试验开始后,装置输出到互感器二次侧与外壳间的交流电压不断增加,在屏幕上的当前电压栏显示实时值。当电压达到所设定的测试电压值,装置读取系统时间并在起始时间栏显示,自动计时开始。当计时时间达到所设定的测试时间,装置自动停止试验,在测试状态栏中显示"完成",如附图 2.40 所示,表示耐压测试通过。

附图 2.40　互感器二次绕组交流耐压测试界面

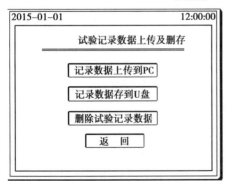

附图 2.41　试验记录上传及删存界面

试验过程中,光标会显示在 停止 选项上不停闪烁,直至试验完毕退出自动测试或按下旋转鼠标人为中止试验。若采用用户自备升压器进行试验。

11)记录上传及删存

主菜单下,将光标移至 记录上传及删存 选项上选定,即进入试验记录上传及删存界面,如附图 2.41 所示。

该界面上各操作功能如下:

记录数据上传到 PC:需使用本公司提供的专用数据线将装置通信口与计算机串口连接起来。

选定此项,进入与计算机通信的功能。数据上传和联机操作的具体事项见计算机操作软件使用说明。

记录数据存到 U 盘:将 U 盘插入装置面板上的 USB 接口,确认无误后,使用旋转鼠标将光标移至该项上,选择 确定 选项 ,即可将装置内存中的所有试验记录(包括 CT 伏安特性、PT 伏安特性和 CT 变比极性等历史试验数据)转存到 U 盘,原记录仍旧保留。在保存过程中,会出现进度提示,注意必须等到进度提示完成后一段时间才能拔 U 盘。只能通过本公司所提供的计算机软件读取 U 盘中的记录,才可得到各历史试验记录中的数据、图形和标识等内容。保存到 U 盘的文件目录为 FA-DATA \ "05020911" \ "CT-VI",引号中的内容可能有改变,05020911 表示保存时的系统时间,CT-VI 表示 CT 伏安特性(PT-VI 表示 PT 伏安特性、CT-BB 表示 CT 变比极性)。

删除试验记录数据:可删除装置中保存的所有历史试验记录。

注意:为了保证试验数据不丢失,请勿随意使用"删除试验记录数据"功能。

12)系统时间设置

进入主菜单,使用旋转鼠标将光标移至 时间设置 选项上选定,进入系统时间操作界面,如附图 2.42 所示。选择 设置 选项,即可进入系统时间设置界面,如附图 2.43 所示。在此界面下,可对年、月、日和实时时钟进行修改,再选择 确定 选项,设置生效,如选择 取消 选项,则取消修改。

建议每次使用本装置前都进行一次系统时间设置。

本装置具有系统时钟诊断功能,当系统时钟丢失后,开机时会弹出强制设置系统时间窗口,如附图 2.44 所示,必须修改系统时间才能进入主菜单。

附图 2.42　系统时间
操作界面

附图 2.43　系统时间
设置界面

附图 2.44　强制设置系统
时间窗口

参考文献

［1］李鹏,田建华. 高电压实训指导书［M］. 北京:中国电力出版社,2010.

［2］苏群,万军彪. 高电压技术实训教程［M］. 北京:中国电力出版社,2010.

［3］常美生,张小兰. 高电压技术［M］. 北京:高等教育出版社,2006.

［4］蓝之达,王自兴. 电气绝缘试验［M］. 北京:中国电力出版社,1997.